日本一のてみやげ

一個人編集部 編

CONTENTS

※本書は、月刊誌『一個人』の２００８年11月号と２００９年２月号、３月号、４月号、５月号、『別冊一個人 日本一の手みやげグランプリ』の特集記事を再編集したものです。

保存版特集

水《みず》羊《よう》羹《かん》、最中から生鮮食材、京都老舗のおもたせまで

大切な人に届けたい！ 日本一の手みやげ グランプリ

手みやげは、贈る人の心を伝える大切な品物です。
選ぶ、届ける、味わう――
日頃、お世話になっている大切な人だから、感謝の気持ちを
美しく伝えたいもの。全国津々浦々から選りすぐった
本当に美味しい逸品を紹介します。

新鮮な山海の素材が活きた酒肴が勢揃い！

田崎真也さんがすすめる 日本酒に合う 絶品！酒の肴

たさき　しんや／1958年3月21日生まれ。東京都出身。1995年、第8回世界最優秀ソムリエコンクール優勝。97年にワインサロンを開設。ワインバー・カノン、焼酎屋眞平、フレンチレストラン・エスなどを経営する。

夏の暑い夜は、ビールはもちろん冷酒グラスを傾けたくなる。自宅にいながら北海道から沖縄まで、日本各地の珍味をお取り寄せ。日本酒もいまやあらゆる銘柄が家庭で味わえる。世界一のソムリエであり食の達人・田崎真也さんが教える酒と肴のマリアージュ！

文・解説／田崎真也

やわらか真昆布ひしお煮　一徳庵　香川・小豆島

天然真昆布を秘伝のひしおで仕上げた逸品

上質な昆布の肉厚の部分のみを使い、選りすぐりの調味料を使って仕上げた逸品です。複雑で芳醇な旨みが凝縮した真昆布は、そのままいただきお燗した山廃純米と合わせてもよし、または、細く刻んだものを白身魚の刺身で巻いていただき、純米吟醸と合わせてもよし、アワビやタコの刺身などにもよく合います。

▼お取り寄せ先
一徳庵

〒761-4421香川県小豆郡小豆島町苗羽2211 0120-05-4356　FAX:0879-61-2111　㊫9:00～17:00　無休　140g（袋入り）840円　280g（竹かご入り）1575円　■賞味期間／製造日より6カ月。〈HP〉http://www.ittokuan.com/

時不知鮭

ヤマジュウ　北海道　浜中町

自宅に居ながらにして楽しめる夏の日本酒と酒の肴

利尻富士を眺めながら捕れたてのエゾバフンウニをつまみに酒を飲む。三陸の港町でアワビの刺身に酒を合わせる。京都、貴船の川床で鱧の湯引きと冷酒を愉しむ。長良川の鵜飼を見物しながら船上で味わう鮎の塩焼きと日本酒の相性は格別美味い。夏の味を堪能できるポイントはまだまだあると、思い立ったらすぐに出かけて行って存分に堪能できればよいが、それには時間も予算もたっぷり必要で、ひと夏の間に何回実現できればよいかわからない。さらに、なんとかしてとったスケジュール。なのに、到着すると大雨が降っていて、川床の鱧と冷酒の夢は来年に持ち越し、なんてゆうことも…。

しかしご安心を。その場所の空気を味わうことは出来ないが、自宅にいながら北海道浜中で上がった時不知鮭と、沖縄、石垣島のフトモズクを同時に味わいながら広島、西条の日本酒を味わうことができる。これも現代の優れた保存技術と物流方法の進化のおかげ。

日本酒にしても、昔は蔵でしか味わうことができなかった絞りたての原酒が、チルドで運ばれて、自宅で華やかな香りを愉しむことができる。

送料が高い？　でも、出かけて行くよりもずっと安いし、雨の心配もしなくていい。後は、ご当地の風景のDVDをハイビジョン映像で見ながら、ひと夏で日本全国の“夏の酒と肴”を愉しむ。

▼お取り寄せ先

ヤマジュウ

〒088-1511北海道厚岸郡浜中町霧多布東1条1-46　☎0153-62-3335　FAX:0153-62-2776　㊖9:00～17:00　㊡日曜、祝日5月中旬～6月中旬は、生時不知鮭も取り扱い。発泡化粧箱入り／生時不知鮭　一本分姿切り：14700円、切身5切：5775円（共に霧多布産）。中塩時不知鮭（冷凍）は年間取り扱い。化粧箱入り／霧多布産時不知鮭　一本姿切り（約2.0kg）14700円～、半身姿切り（約1.0kg）8925円～、90g×5切5775円～　※価格は送料・税込み

脂ののりがいい入手困難な逸品

時不知は、浜中町の沖で獲れる5月中旬から6月にかけてが最高の旬。生の一尾丸のままは北海道でもなかなか入手できません。脂ののりのバランスがよく、どんな料理にも向いていますが、おすすめは、切り身にして、皮ごと焼き、大根おろしや刻んだ葱とポン酢や醤油でシンプルにいただく食べ方です。純米吟醸のようなタイプとよく合います。

めぼう干物

長平鮮魚店　静岡・伊東市

一匹に一個しかない貴重な真イカの口

一匹に一個しかない貴重な真イカの口の身（メボウ）は、上品な甘味の体の身の味と違い、ずっと旨みが豊富な部分です。それを天日で干しているので、さらに旨みが豊かになり、歯ごたえもしっかりとしてくることから、日本酒の肴によりマッチします。サッと焼いて、そのままいただくのが、最良の食べ方です。

▼お取り寄せ先

長平鮮魚店

〒414-0002静岡県伊東市湯川1-11-3　☎0557-37-2834　FAX:0557-38-8334　㊋7:00～17:00　㊡元日のみ　10串（1串に5コ～6コ）850円
■賞味期間／冷凍で10日～2週間
〈HP〉http://www.chohei.com/

ほっけ飯ずし

マルコメ米田商店　北海道・利尻町

▼お取り寄せ先

マルコメ米田商店

〒097-0401　北海道利尻郡利尻町沓形字本町87番地　☎0163-84-2022　FAX: 0163-84-3079　㊮8:30〜18:00　㊡正月3日間　1kg（木箱入り）3400円　■賞味期間／冷凍で2カ月、解凍後、2週間くらい　〈HP〉http://www.marukome.net/

利尻島産のほっけを使った伝統料理

利尻島産のほっけを使った伝統料理の逸品です。いわゆる熟れ寿司ですが、脂の乗ったほっけの旨みが、麹の甘味と米の旨み、さらに熟成された酸味によってより深みのある味わいへと変身します。この味のバランスは、まさに日本酒の味のバランスと酷似しています。特に伝統的な山廃造りの純米酒のふくよかな味わいにピッタリとマッチします。

赤ウニ塩漬け

長田商店　長崎・壱岐市

▼お取り寄せ先

長田商店

〒811-5135長崎県壱岐市郷ノ浦町郷ノ浦122 ☎0920-47-0341　FAX:0920-47-4341　㊜8:00～20:30　㊡1月1日　中ビン（70g）生ウニ（紫）3150円　生ウニ（赤）3570円　■賞味期間／発送日から冷凍保存で2カ月

壱岐の赤ウニを使った夏限定の逸品

夏の短い期間のみが旬の壱岐の赤ウニを使った塩漬けです。軽く塩漬けにすることで、ミョウバンを使わずにウニの風味をより凝縮させ、甘味と旨味、それと海の風味を存分に愉しむことが出来ます。壱岐では、ご飯にたっぷりと乗せた“ウニ丼”が有名ですが、そのままいただき、日本酒の肴としても完璧です。

シージャーキー

三島商事　沖縄・南大東島

▼お取り寄せ先

三島商事

〒901-3805沖縄県島尻郡南大東村字在所52番地　☎09802-2-2665　FAX:09802-2-2312　㊜9:00～17:00　無休　70g×1個入り　650円 110g×2個入り　2000円

マグロの赤身を使った珍しいシージャーキー

沖縄県産のマグロの赤身を使った珍しいシー・ジャーキーは、乾燥させる前に漬け込んでいた特性のタレの風味と調和して、素材の旨みが豊かに引き立っています。泡盛、ワイン、ウイスキー、ビールなどどんなタイプの酒にも合いますが、口の中で噛むほどに広がる海の旨みを感じながら、お燗した純米酒を手酌でチビチビ。これもまたよく合います。

味付けもずく

まんな鮮魚店　沖縄・石垣市

▼お取り寄せ先

まんな鮮魚店

〒907-0022　沖縄県石垣市大川209BF　☎&FAX09808-2-0296　㈾8:00〜18:30　㈷第2、第4日曜　70g500円（１個から注文お受け致します）　■賞味期間／チルド保存で３週間

歯ごたえが柔らかく風味豊かな太もずく

沖縄の太もずくは歯ごたえが柔らかく風味も豊か。味付けは、甘味と酸味のバランスのとれたレモン味に仕上がっています。そのままでも美味しくいただけますが、生姜、ニンニクを添えたり、また、沖縄流にかき揚げの要領で天ぷらにしても最高です。もちろん泡盛にも合いますが、冷やした吟醸酒にもよく合います。

一本数の子松前漬け

中村家　岩手県・釜石市

一本数の子を贅沢に使った松前漬け

昆布とするめの旨みで味付けされた松前漬は、そのまま日本酒の肴にピッタリですが、この一本数の子を贅沢にそのまま使った松前漬は、歯ごたえを愉しんでいる間中ふくよかな旨みをじっくりと味わうことができます。少し甘めの味付けによく合う日本酒は、やっぱり少し甘口に仕上がったタイプを選びます。

▼お取り寄せ先

中村家

〒026-0031 岩手県釜石市鈴子町5番7号　☎0193-22-0629　FAX:0193-22-6500　㊡10:00～20:00　㊡日曜　250g1600円　500g（木箱入り）3500円　■賞味期間／冷凍保存で60日間　〈HP〉http://www.iwate-nakamuraya.co.jp/

にんにくみそ

高橋澄　岩手県・花巻市

▼お取り寄せ先

高橋澄

〒028-3204　岩手県花巻市大迫町亀ヶ森39-21　☎&FAX0198-48-2664

丹精こめて作られた余韻の長い味わい

手作りで丹精こめて作られたにんにくみその味わいの素晴らしさは、食べ終えてからの余韻の長さが証明です。そのままざっくり切ったキャベツやキュウリにつけていただきながら、冷で飲む本醸造や純米酒によく合います。また、塩焼きにした秋刀魚やイワシに添えて味わうと、お燗した純米酒がマッチするでしょう。

白エビ昆布〆刺身

ごん六水産　富山県・富山市

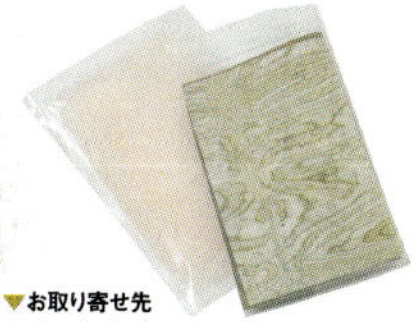

▼お取り寄せ先

ごん六水産

〒939-8081富山県富山市堀川小泉町481-20　☎076-425-5660　FAX:076-425-5897　㊫8:30～17:30　㊡日曜　130g2415円　■賞味期間／冷凍保存で6カ月　〈HP〉http://www.ths.or.jp/~gonroku/

昆布で〆たり、そのまま刺身でも味わえる

昆布で締まりすぎて、上品な甘味と旨みを楽しめる白海老の風味を損なわないように、昆布を別に添えてあるところがポイントです。そのまま刺身で冷やした吟醸酒と合わせたり、また、昆布で〆て旨みが増した味わいと、純米酒を合わせるといった愉しみ方もできます。梅肉を合えても酒の肴にピッタリです。

　撮影／村林千賀子　スタイリング／伊豫利恵　フードコーディネイト／前田直子

見た目に美しく、マイルドな味つけは食欲のない季節にもおすすめ！

藤野真紀子さんの夏のおいしいお取り寄せ

衆議院議員も勤める料理研究家の藤野真紀子さんは、交際範囲も広いので、様々な頂き物も多いそう。全国の美味しいものに詳しい藤野さんに、夏にぴったりのお漬け物からデザートまで涼しげな5品を紹介していただきました。

その土地で採れた旬の物を頂くのが最高の贅沢

夏は特に体に負担のかからない添加物が極力少ないものをいただきたいですね。旬の新鮮な食材は体の錆を落としてくれるといいますし、何より、美味しいですよね。普段から添加物のない新鮮なものをいただいていると、その時は気がつかないのですが、次にそうじゃないものを口にした時に、はっきり違いがわかるもの。きっと体の防御機構が敏感になるんですね。そして、安心、安全なものを食べたいって思ったら、地場のものを食べるのが一番。お取り寄せの良さはその土地で採れた旬の食材をぴったりの調理法でいただけるところだと思います。

それから、食べる物って味はもちろんおいしい方がいいんですが、ビジュアルもとっても大事。見た目は味にも結構な割合で影響するのだそうですよ。ですから、できるだけ食欲が湧くようなかわいらしい、見た目にも素敵なものを選びました。

藤野真紀子さん

食育料理研究家。衆議院議員。夫の海外赴任先のニューヨークとパリで、お菓子と料理を習得。帰国後、お菓子と料理の教室「マキコフーズ・ステュディオ」を主宰。TV、雑誌、各種講演会等で幅広く活躍中。著書『チョコレートのお菓子』（世界文化社）他多数ある。

瑞々しいなすの
甘みが感じられる

大阪泉州の水なす

塩加減も絶妙で食べ出すと止まらない

以前に人からいただいたのがきっかけで大好きになりました。お漬物なんだけど塩気だけじゃなくてなすの甘みもちゃんとあるんです。本当に美味しくて、浅漬けで食べやすいし、カロリーも低いからいくらでも入っちゃう。これは南大阪（泉州地方）の土地のものですし、昔ながらの伝統的な手作りでこだわって作られているから美味しいし安心なんですね。それになすは体を冷やす効果があるから夏にぴったり。旬の食材をいただくと健康効果も高いんですよ。

▼お取り寄せ先

伊勢屋商店

大阪府大阪市中央区日本橋2-3-4　☎06-6644-1101　FAX：06-6644-0243　㊎8：30～17：00　㊡日曜、祝日　◆手前漬け・水茄子（浅漬とぬか漬のセットで）一箱3000円、4000円、5000円の3種類

水なす工房 よさこい

大阪府貝塚市津田北9-22　∞0120-86-4351　FAX：072-432-4351　㊎10：00～19：00　無休　〈HP〉http://www.374351.com　◆絹浅漬け水なす（ぬか漬け&液漬けのセット／箱入り）　6袋入り3370円、10袋入り5000円他

本物のハマグリの貝を使った
美しく涼しげな京菓子

亀屋則克の浜土産《はまづと》

見た目の風流さで群を抜いている

食べるものにはビジュアルの要素もとっても大事ですよね。この浜土産は本物のハマグリの貝殻の中にきれいな琥珀色のゼリー(琥珀羹)と浜納豆が一粒入っているというとっても風流でかわいらしいお菓子。初めていただいて包みを開いた瞬間、源氏物語に出てくる貝合わせの貝みたいで、とっても感動しました。お使い物にもいいですよ。お味も飴のような、わりとしっかりした甘みのゼリー部分にたいして、浜納豆の塩味と風味がアクセントになっていて、大人の雰囲気。夏場だけの商品ですが、デパートでは買えないお味なのでぜひ一度試してみてください。

▼お取り寄せ先

亀屋則克

京都府京都市堺町三条上る　☎075-221-3969　㊌9:00～17:00
㊡日曜、祝日、第三水曜
◆浜土産(はまづと)　1個330円　10個(竹籠入り)3700円　5月から9月中旬までの限定販売

びわの優しい甘さと
フルーツアイスの風味が絶妙

ニューヨーク堂の長崎びわの実アイス

和と洋のどちらのデザートにも合う

可愛らしいからお客様にお出しするのにもいいんですよ。夏ってさっぱりした物が食べたくなるでしょ、アイスクリームだけだとちょっとしつこい感じがするけれど、ここにフルーツが入っていることですごく口当たりが爽やかになるんです。

私は冷たい物がとっても好きで、毎日デザートにストロベリーなどのフルーツとバニラアイスを食べているんですが、こちらはびわの果肉をバニラアイスに練り込んだびわアイスに果実も一緒になっていて、まさに私好みの組み合わせ。しかもびわの実を丸ごと使っているのも珍しいですね。溶かし具合はお好みですがあまり冷たいとびわの風味がわからないので、しっかり溶かしてから召し上がるといいと思いますよ。

▼お取り寄せ先

ニューヨーク堂

長崎県長崎市古川町3-17　0120-33-4875［通販専用］、☎095-822-4875［問合せ］　FAX:0120-75-4875　(営)11:00～17:00（電話受付対応時間）　無休
〈HP〉http://www.nyu-yo-ku-do.jp/　◆長崎びわの実アイス　12個入りギフトセット　4320円　長崎産の茂木びわを使用している

素材の旨味が凝縮された逸品

清左衛門の穴子茶漬(贅沢茶漬)

スタミナをつけるには穴子で

贅沢茶漬はどれも美味しいのですが、やはり夏はスタミナをつけるということで穴子ですね。佃煮でここまで甘味を抑えているのは珍しいと思いますよ。かといって別にしょっぱい訳ではない。とってもうまく味付けされていると思います。大人の佃煮っていう感じね。たまたま、私のフランス人の友人も和食好きなんだけどお砂糖の甘みが苦手で、スキヤキでも割下にお砂糖を入れないような人なんですが、その友人も大好きです。夏なら冷たい麦茶などをかけても美味しく頂けます。

▼お取り寄せ先

清左衛門

兵庫県西宮市甲子園五番町15-16 ☎0798-49-8898 FAX:0798-49-5556 ㊢9:00～18:00 ㊡日曜 〈HP〉http://www.seizaemon.com ◆穴子茶漬・単品70g入り 2835円

完熟トマトが30個も入っているフルーティなジュース

秘密にしたいトマトジュース

ほど良い甘さでさっぱりとした喉越し

これは甘さと酸味のバランスがすごくいいんです。無農薬の露地物トマトをたっぷり使って作られているからリコピンも豊富ですし、濃度もちょうどいいですよね。食欲の落ちる夏だからこそ旬のものを飲みやすいジュースでとるのがいいと思います。スパイラルさんが扱うものは無添加なので安心。やっぱり売っている方の心意気やこだわりが、おいしくて安全な商品を作ってくださると思うから、お取り寄せは信頼できるお店から行うっていうことも大事ですね。

▼お取り寄せ先

スパイラル

福岡県福岡市博多区東光2-1-13-9F ☎0120-333-087 FAX:092-451-3120 ㊢9:00～18:00 ㊡土曜、日曜、祝日 〈HP〉http://www.spiral-office.co.jp ◆秘密にしたいトマトジュース1000ml 2730円

撮影／村林千賀子 スタイリング／伊豫利恵 フードコーディネイト／前田直子
取材・文／白井奈津子

こだわり調味料&飲料で家ごはんが100倍美味しくなる!

山本益博さんが選んだ毎日の食卓を彩る「私の必需品」

お取り寄せというのは食べ方一つで美味しさが全く変わります。今回は僕が日頃から実践している食べ方とともに愛用品をご紹介しましょう! 加熱処理をしていないひしほの生醤油から最近レベルが急上昇したKoshuの白ワインまで日常のささやかな贅沢を楽しんでください。

Koshuワイン

甲州・ミレジム

和食に合わせたとき はじめて真価を発揮する

山本益博さん

料理評論家。執筆業の他、講演、テレビ、ラジオ、CMなどで活躍。“美味しいものを食べるよりも、ものを美味しく食べる”がモットー。最新刊は「『3つ星ガイド』をガイドする」(青春出版社)

日本のワインも世界に通用するようになった

一番の特徴は和食に合うっていうこと。やはり同じ土壌のなかで育った者同士だからでしょう。魚卵やお刺身なんかの生臭さをことごとく消してフレッシュに感じさせてくれるんですよ。例えば、白ワインの中で一番人気のある品種はシャルドネですが、塩辛などは生臭く感じるんです。でも、僕はこのワインで片っぱしから試してみましたが、ホントに何にでも合います。唯一合わなかったのは数の子だけ。単体で勝負したら世界のワインに負けちゃうけど、ワインで重要なのは料理との相性でしょう。それでいったらこれは料理にとっての最強のサポーターですよ。ワイン自体も料理と合わせると酸味が消えてまろやかに美味しくなります。

▼お取り寄せ先

ミレジム(販売窓口)

東京都千代田区神田司町2-13神田第4アメレックスビル7階 ☎03-3233-3801 FAX:03-3295-5619 ㊖9:30〜18:00 ㊡土曜、日曜、祝日 〈HP〉http://koshu.org ◆Koshu Rosé 1890円、Koshu Cuvée Denis Dubourdieu(甲州キュヴェ・ドゥニ・デュブルデュー)ヴィンテージ 2415円、Koshu牧丘 2625円

ゆずのいい香りが部屋中に広がる

限定製造品枯木実生ゆず丸ドリンク

兵庫・カネトシ

冷房で冷えた体にはお湯割りで

ゆずそのものだと飽きちゃうんだけど、これは不思議、何年飲んでも全然飽きないんだよね。11月～4月ごろまでの限定生産なので冬の間は切らさないよう気をつけているんです。冷房で体が冷える夏の間も販売してもらえるといいんだけどなあ。僕はこのゆず丸をお湯で5倍くらいに割って飲むのが好きですね。朝起きて一杯飲むと最高に美味しい。

こういう果物のジュースってただ甘いだけとか、添加物のケミカルな味がするものが多いんだけど、これはゆずのとがったような酸味にうま味と甘みがきれいにバランスとれていて美味しい。もちろん、冷たい水で割ってもおいしいですよ。それから、手間もかかっているからちょっと高いんだけど、でも全然届かない値段ってわけじゃないでしょ。ドリンク一杯でこんな幸せな気分になれるんなら、僕はまったく高いと思わないですね。

▼お取り寄せ先

カネトシ

兵庫県神戸市東灘区御影本町2-14-19 0120−214192［通販専用］、078-851-1109［問合せ］ FAX:078-851-1247 営10:00～17:00［注文受付時間］ 休土曜、日曜、祝日 〈HP〉http://www.kanetoshi.co.jp ◆限定製造品 枯木実生ゆず丸ドリンク300ml 1417円（限定品のため在庫僅少です） 通年生産品 枯木実生ゆず丸ドリンクも有。360ml 1260円

加熱処理をしていない 香り高い生の醤油

ひしほ醤油

金沢・ヤマト醤油

これこそが本物の醤油の味と香り

このお醤油の素晴らしさは、炊き立ての白いご飯に掛けるとよくわかります。甘くて芳醇な香りと味が何とも言えない贅沢な感じでしょう。これが本当のお醤油の味と香りですよ。我が家ではお醤油はなみなみつがないんですよ。だって、お刺身をお醤油の中にジャブジャブつけたら、お刺身の味がしなくなってしまうし、余った醤油を捨てることにもなるでしょう。うちは、このお醤油を流しに捨てたことは一度もない。大事にいただいています。使うたび毎回感動するなんてなかなかないですから。

僕は外で御馳走を食べるよりも家で醤油や卵や塩やそういうものにお金をかけるほうが、生活が豊かになると思いますよ。お取り寄せっていうのは商品情報だけじゃなくて、ものを美味しく味わう方法も一緒に伝えないとせっかくの商品がもったいないですよね。

▼お取り寄せ先

ヤマト醤油味噌

石川県金沢市大野町4-イ170 ☎076-268-1248 FAX:076-268-1242 営8:00～17:00 休第2・4土曜、日曜、祝祭日 〈HP〉http://www.yamato-soysauce-miso.co.jp ◆ひしほ醤油 900ml 3本入 3780円、300ml 6本入 3150円他（送料別）

ラウデミオ オリーブオイル

東京・チェリーテラス

癖がなく爽やかな香りは和食に最適

加熱しないで味わいたい なめらかな喉ごし

　このオリーブオイルはパンやパスタで食べても、もちろんいいんだけど、ざる豆腐にあら塩をパラパラっとかけてこれをかけて食べるとすごく喉ごしがいいんですよ。あとは、冷たい讃岐うどんにさきほどのひしほ醤油とこのオイルを両方かけても美味しい。讃岐地方は小豆島でオリーブも栽培しているし、お醤油も作っているから相性がいいはずでしょう。まったく新しい味がしますよ。コクがあるのにさっぱりしていて香りが高いから、加熱調理に使っちゃうのはもったいないですよ。生のもので使わないとね。カルパッチョに使っても魚が倍美味しくなります。

▼お取り寄せ先

チェリーテラス・代官山

東京都渋谷区猿楽町29-9ヒルサイドテラスD25　☎03-3770-8728　FAX　03-3770-5268
㊔11:00〜19:00　㊡月曜　〈HP〉www.cherryterrace.co.jp
◆フレスコバルディ・ラウデミオ　250ml 2940円、500ml 4410円、500ml 2本入ギフトセット　8820円他

香りとともに広がるまろやかなうま味

飲むたびに感動があるお茶

これは料理研究家の小林カツ代さんに教えてもらったんです。「金沢でものすごくいいお茶見つけたわよ」って淹れてもらったんですが、弟子の人に「だめだめ！10秒長い」とか言ってるんですよ。見たら、全然色がついていないの。僕はほうじ茶は茶色い色がついているものだと思っていたんだけど、これはとっても品がいい香りと味で、それ以来僕はほうじ茶はここのしか飲みません。夜寝る前に水にワンパック入れて冷蔵庫で冷やしておくとちょうど朝出来上がっているんです。5月ごろから秋までは冷たいお茶と言えばこの加賀棒茶です。お茶なんて普段飲み慣れているから、飲むたびに感動するなんてないでしょう。でもこれは飲むたびに「あー、美味しいなあ」って感動する。表示の抽出時間を鵜呑みにしないで自分なりのベストな抽出時間を見つけてください。

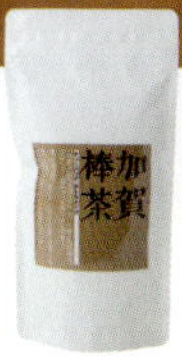

▼お取り寄せ先
加賀棒茶 丸八製茶場
石川県加賀市動橋町タ1-8　フリーダイヤル0120-41-5578　FAX:0120-05-3429　営9:00〜17:00　休土曜、日曜、祝日　〈HP〉http://www.kagaboucha.co.jp　◆加賀棒茶 ティーバッグ テトラタイプ　3g／12袋入り630円　ギフトセット（献上加賀棒茶120g缶入と加賀棒茶ティーバッグテトラタイプのセット）　3308円他

加賀棒茶 丸八製茶場 ティーバッグテトラタイプ

加賀・丸八製茶

今年登場した海苔の最高級ブランド

口に入れるとはらはらと溶けますよ

日本で一番海苔の生産が多いのが有明海、その中でも最高級のものが、この佐賀海苔有明海一番なんです。超一級の海苔はね、海苔巻きにして口に入れると外側の皮っていう感じが全然なくて、ご飯と海苔が一体となって口の中でトロけるんです。

さきほど、お醤油の話がでましたが、海苔も同じ。海苔をお醤油につけてからご飯にのせたら、お醤油の味しかしないし、香りがお醤油に負けちゃうんですよ。だから、海苔はぎりぎりまで湿らせないようにして、さっきのひしほ醤油をごはんにかけたところを海苔で包んで食べたら、最高ですよ。うちの娘なんかこれが一番の大好物。夏でも食欲がわきますよ。いいものに出会うと敬意をはらうと同時にどうやって食べてあげるとこれがもっと美味しくなるだろうって考えるから、お取り寄せって大事なきっかけだと思うんです。

佐賀海苔 有明海一番

佐賀・サン海苔
東京・宮永産業

▼お取り寄せ先
宮永産業
東京都中央区日本橋室町1-10-9　☎03-5623-1271　FAX:03-5623-1272　営10:00〜18:00　休土曜、日曜、祝日　〈HP〉http://www.e-nori.com　◆初摘焼海苔　1袋（全形10枚入）2500円

▼お取り寄せ先
サン海苔
佐賀県佐賀市光2-2-1　☎0952-24-6191　FAX:0952-24-4484　営8:30〜17:20　休土曜、日曜、祝日　〈HP〉http://www.sannori.com　◆佐賀海苔有明海一番　ひと箱（全形５枚パック４袋入）　1万円

撮影／村林千賀子　スタイリング／伊豫利恵（so-planning）　フードコーディネイト／前田直子（so-planning）　取材・文／白井奈津子

やげ」決定戦！

水ようかん、大福、どら焼き、ロールケーキ、チョコレート、佃煮、
お茶漬け、チーズ、ハムなど、総数250品目の手みやげの中から、
14のジャンル別にプロの食通たちが「日本一の手みやげ」を選び抜いた！

日本一の「手み

岸朝子、村上祥子、松田美智子、松長絵菜
食の達人4人が徹底食べ比べ!

第1次ノミネートの250品を試食した！

実況中継！「日本一の手みやげ」最終選考会

味はもちろん、姿の美しさや意外性などが、相手に「あっ」とうれしい驚きをもたらす手みやげ。贈られた人が思わず顔をほころばせること間違いなしの「日本一の手みやげ」を認定するべく、この日、「食のプロ」に集まっていただいた。ずらりそろった250品の日本一候補を前に、ひとつひとつ試食し、審査していくメンバーは4人。ベテラン料理記者の岸朝子さん、各国の家庭料理に造詣深い料理研究家の松田美智子さん、電子レンジによるクッキング講習会など海外でも活躍中の村上祥子さん、やさしい雰囲気と独特のセンスで人気のフードコーディネーター・松長絵菜さんという面々だ。

まずは和菓子から。1位2位を競ったのはいずれも名店の水ようかん。菊屋、岬屋の2店が高い支持を得た。

さらりとした質のよい甘さ、丁寧な仕事で定評ある菊屋。一方、岬屋の水ようかんも同じく、細やかな心が配られた「上菓子の水ようかん」として信頼厚い。

「菊屋、岬屋ともにその仕事は丁寧でたしかなもの」(岸さん)、「私は岬屋の水ようかんが好き。やわらかさもお茶席のお菓子としてちょうどよく、作り手の誠実な心が伝わってきます」(松田さん)など、その人気ぶりを証明した。最中では、空也と鈴懸の2店に人気が集中した。とくに松長さんのお気に入りは鈴懸。

4人が太鼓判を押す手みやげは?!

「鈴懸の鈴乃最中は、ころんとした鈴の形が可愛らしく、あんの味もしっかりしています。可愛いもの、美しいものをいただくと、思わず笑顔になりますね」(松長さん)、「空也の最中は皮とあんのバランスが素晴らしい。皮のかりっした食感もよく、ほどよい大きさも絶妙です。食後にほんの少し甘いものをいただきたい、というときにもいいですね」(松田さん)

せんべい、あられ部門では、逸品会と赤坂柿山が高得点。

「赤坂柿山のおかきは、やはり素晴らしい名店の味。手間を惜しまず仕事をしていることが伝わります」(村上さん)など、いずれ名店の面目躍如となった。

どら焼き人気を二分したのが、亀十とうさぎやの2店。

「どら焼きは〝皮が勝負〟。うさぎやのどら焼きは皮がしっとりときめ細かく見事。未来永劫、変わらないでほしいと願う味のひとつです」(村上さん)とする一方、「亀十のどら焼きは〝特別〟」(松長さん)との声も。どちらもぱくりとひと口食べた瞬間、審査員たちから幸せな微笑みがこぼれた。

ゼリーで支持を集めたのは、丸ごとくり抜いた果実にゼリーを流し込んだ、老松と甘夏かあちゃん。格式高い京都の老

「食のプロ」として活躍中の

日本一の手みやげ審査員

村上祥子

料理研究家。管理栄養士。子どもたちに健康な食を伝えることに情熱を注ぐ。アメリカで電子レンジクッキング講習会を実施。著書多数。2007年5月、アメリカで『村上祥子の英語で教える日本料理』を出版。

岸朝子

料理記者歴53年。『栄養と料理』編集長を10年間務めたのち、1979年、㈱エディターズ設立。料理、栄養に関する雑誌や書籍を多数企画、編集。『岸朝子・日本の食遺産』『美味しんぼ食談』など著書多数。

松長絵菜

女性誌で活躍する人気フードコーディネーター。料理はもちろん、独自の雰囲気をもつスタイリングなどで「食の楽しさ」を表現しつづけている。著書『スプーンとフォーク』『お菓子のつくり方』など。

松田美智子

料理研究家・テーブルコーディネーター。ホルトハウス房子氏に師事。各国の家庭料理を学びつつ、日本料理、中華料理を究める。「松田美智子料理教室」主宰。季節感を大切にしたおしゃれで作りやすいレシピが人気。

（審査方法について）

「味」「見た目」「意外性」の3項目に分け、項目ごとに5点満点として採点していただいた。さらにそれら各項目の点数を合計し、4人の総合得点を上位順にランキングした。

松に対して、自然な美味しさと素朴さでは甘夏かあちゃんが評価された。

「老松は寒天の具合がちょうどよく、美味しいのはもちろん、贈りものとしての格があります」（松田さん）、「甘夏かあちゃんのゼリー、本当に美味しいですね！　自然な香りと甘さを素直に伝えてくれます」（松長さん）

クッキーではイル・プルー・シュル・ラ・セーヌの塩味クッキーが首位。

「大変よいお味です。ワインといっしょにいただきたいですね」（岸さん）

ロールケーキ部門では、サケショップ福光屋による日本酒使用の「こづちロール」が大健闘。その味わいはもちろん、「酒蔵のチャレンジ」（岸さん）という点が評価のポイントに。日本酒好きな男性にも喜ばれそう、という声があがった。

ほかの部門に比べて、より高得点を競い合ったのがチョコレート部門。

「デメルはパッケージも可愛らしく手みやげにいいですね」（松田さん）、「私はメゾン・デュ・ショコラが好きです。おしゃれ感よりも〝チョコレートの美味しさを伝えたい〟という作り手の誠実さを感じます」（松長さん）

さらに審査は、軽食・肴部門へ。ここでとくに注目を集めたのが、ハウスメッツガー・ハムの和牛コンビーフ。

「牛肉の繊維がきちんとあり、旨みがぎゅっと凝縮していますね。缶詰のコンビーフが苦手なので、ふだんは自分でコンビーフを作っていますが、これは〝買いたい〟と思います」（松長さん）、「冷やして食べても、ディップの材料としてもいいですね。肉の味がしっかりしています」（松田さん）などの声があがり、審査会はまだまだ盛り上がり続けた。

最終選考ノミネート品を推薦してくれた
10名の食の達人

門上武司

フードコラムニスト。『あまから手帖』編集主幹。関西を中心に活動しつつ、現在は各地の生産者とのネットワークも広げている。著書に『スローフードな宿』（木楽舎）など。

塩田ミチル

料理研究家・エッセイストとして、手早くできておいしい料理のレシピやお取り寄せについてのエッセイ、夫君、丸男氏との共著など多数出版。NHK「きょうの料理」にも出演するなど、幅広い活躍を続けている。

浜内千波

料理研究家。㈱ファミリークッキングスクール主宰。家庭料理を伝える料理教室を開くほか、企業の食品開発にも協力。著書『ノンオイルの玄米・雑穀＆野菜レシピ』（グラフ社）ほか。

田沼敦子

歯学博士・料理研究家。千葉市「高浜デンタルクリニック」院長。本業のかたわら、料理・お取り寄せ等のエッセイを発表。自然に噛む回数が増える料理"噛むかむクッキング"を提唱し、全国で講演を行う。著書多数。

森脇慶子

料理ジャーナリスト。プライベートでも食べ歩き日夜探究して磨いた感性と情報に信頼が厚い。著書『アジアンマダムのやさしいごはん』（広済堂出版）ほか。

浜崎龍一

東京のイタリア料理店で修業後イタリアへ。帰国後『リストランテ山崎』を経て、01年12月南青山に『リストランテ浜崎』をオープン。独自の工夫を凝らしたオリジナリティ溢れる料理は、各方面から注目を浴びている。

吉田菊次郎

㈱ブールミッシュ代表取締役社長。食関連の執筆など、研究家としても活動する。著書『西洋諸国お菓子語り』（時事通信社）、『西洋菓子彷徨始末』（潮文社）など。

深井美佐和

フリーエディター。雑誌編集・副編集長として料理、インテリア、海外の暮らし関連の記事を手がけた後、独立。現在は、食や器をはじめとした生活まわり、旅、を軸に企画・執筆を担当。

中村雄昂

㈱ビジネス・フォーラム代表取締役。手みやげ関連の書籍を多く手がける。月刊「百味」編集長。著書『西洋料理人物語』（築地書房）、『自転車で散歩文京区界隈』（イーストプレス）など。

並木伸子

フードライター。岸朝子氏が代表を務める編集プロダクションに約7年在籍し、フリーに。"師匠"譲りの好奇心と胃袋を武器に、食べ歩きから家庭料理まで幅広い分野で活動中。

 撮影／鈴木亜希子　文／本吉恭子（p22-23）

和菓子 水ようかん・涼かん部門 第1位

水ようかん

菊家 東京・青山

素材の良さと
老舗の技が光る
透明感のある夏のお菓子

懐紙の上にスッと立つ、凛々しく上品なお茶菓子

故・向田邦子さんに愛されたことでも有名な、東京・青山『菊家』の「水ようかん」。甘さや舌触りをとことんまで追求した特別のこしあんで作られており、やや固めの端正な仕上がりだが舌触りはとてもなめらか。サラリと口の中で優しい甘みが溶け崩れ、かすかな後味を残してスゥーッと喉の奥に消えていく。桜の葉に包まれた見た目も、涼やかでみずみずしく、風情豊かな逸品だ。

「丁寧でたしかな仕事をしています。さらりとした良質の味わいですね」（岸朝子さん）、「北海道の上質な大納言がとても美味しい。あっさりとした甘さと、水ようかんらしい口どけの良さが抜群でした」（村上祥子さん）、「お茶の席のお菓子、つまり上菓子の水ようかんは、懐紙の上にすっと立たなければいけないのですが、これは正に丁度いいやわらかさ。小豆の味もしっかりしています」（松田美智子さん）

菊家　東京都港区南青山5-13-2　☎03-3400-3856 ㊋平日9時30分～17時、土曜～15時　㊡日曜・祝日　水ようかん 1箱6個入り2300円、1個340円（箱代260円）　※販売期間は5月中旬～9月10日頃まで。通販／相談　〈HP〉http://www.wagashi-kikuya.com

和菓子
最中・団子・大福・まんじゅう部門
第1位

爾比久良

大吾　東京・大泉学園

ほっくり、さらりと
口の中で溶ける
優しい味の武蔵野銘菓

日本人には堪《こた》えられない小豆あんと栗の組み合わせ

知る人ぞ知る武蔵野名物と言えば、『大吾』の「爾比久良《にいくら》」。手に乗せるとずっしりと重く、きめの詰まった中身を連想させる。裏面の注意書き通り、四等分に切り分けると、卵黄と白あんを程良く混ぜた、香り高い〝黄味羽二重時雨餡〟の中に、小豆あんと大きな栗が顔を覗かせる。口中でふわりと溶ける清々しいあんの甘み、上質な栗ならではのねっとりと濃密な味わいは、御抹茶との相性が秀逸。夏場はよく冷やしてから食すと、さっぱりと美味しく頂けるとのことだ。

「とっても大きいのね！　皆で切り分けて召し上がれるし、あまりまだ知られていない珍しいお菓子なので手土産によいと思います。風味が良くて美味しゅうございます」（岸朝子さん）、「品の良いしぐれあんと白小豆のあんの中に、すっぽりと入った栗の甘露煮。日本人にとっては堪らない組み合わせですね」（村上祥子さん）

大吾　東京都練馬区大泉学園町6-28-40　☎0120-131970　FAX:048-482-0333 ㊞9時30分～19時 ㊡月曜、他不定期連休あり　爾比久良２個入り1060円（化粧箱入り）、900円（簡易箱入り）、6個入り2850円（化粧箱入り）、2620円（簡易箱入り）など。　他、各種生菓子、焼き菓子など四季折々の菓子がある。通販／可（夏期クール便）〈HP〉http://www.wagashi-daigo.co.jp/

和菓子
せんべい・あられ部門
第1位

あまたの文人墨客に愛された、花街の風雅を小箱に詰めて

おつまみ百撰 宴の華

逸品会 東京・柳橋

見た目も味も華やかで粋 大女優も贔屓にする吹き寄せ

江戸の三大花街の一つ〝柳橋〟の、艶めいた賑やかさを、おかきでそのまま表現したのが『宴の華』。一流花柳界や芸能界・高貴筋に贔屓にされ続けているのも頷ける色とりどりの吹き寄せ。見た目や味、どれをとっても華やかで粋な仕上がりだ。実に20数種類を超える山海の珍味とあられ、野菜チップスやドライフルーツを贅沢に詰め合わせた大人の味。

「米の味、香ばしさ、塩加減、どれをとってもメリハリがあり、バランスもいい。逸品会の塩かりんとうも美味しいんですよ」（松田美智子さん）、「とっても楽しい吹き寄せですね！『江戸っ子のチャキチャキ気性そのままに、日本のあられ、ずい～とご覧に入れまするぅ～』」（村上祥子さん）、「いろいろな種類のお菓子が入っていて、楽しめますね。会社など、人がたくさんいる場所へのおみやげによいのでは」（岸朝子さん）

おいしい御進物　逸品会　東京都江東区高橋2-2　☎03-5625-2765　FAX: 03-5625-2767　㊫9時30分～18時　㊡日曜・祝日　※季節により変更あり。　宴の華 缶入り　3675円（小・370g入り）、5775円（大・630g入り）。150g入り（945円）、200g入り（1890円）もあり。他、江戸あられ 羽衣、ポップル（塩かりん）など。通販／可　〈HP〉http://www.ippinkai.jp/

和菓子
どら焼・カステラ部門
第1位

どら焼き

亀十　東京・浅草

焼きたてのぬくもりと人情にあふれた江戸庶民の味

これぞ新・日本の味！味自慢の皮をご賞味あれ

まず一口食べて驚かされるのが、ふわっと焼かれたどら焼きの皮の口当たり。直径11㎝近い大判のどら焼きながら、ぺろりと一気にたいらげることができる。軽く焦げた皮がなんとも香ばしく、東京・下町らしい素朴な味わいだ。厳選した十勝産の小豆をふっくらと炊き上げた自慢のあんには、黒あんと白あんがあり、どちらもしっとりと落ちついた甘みが身上。100年余の長い歴史を誇る、江戸浅草を代表する愛すべき和菓子。

「バターのような良い香りが漂う、ふわっと軽いどら焼きの皮！　これぞ新・日本の味！　新しいスイーツですね」（村上祥子さん）、「亀十のどらやきは『特別』。ふわふわの皮、あんの豊かな風味、口に入れると思わず微笑んでしまう味。小さな頃から慣れ親しんでいるものとは、また違うタイプのどらやき。手土産でいただくとうれしいですね」（松長絵菜さん）

亀十　東京都台東区雷門2-18-11　☎03-3841-2210　FAX: 03-3841-8521　㈲10時～20時30分　㊡第1・第3月曜　どら焼き（白あん、黒あん）1個315円　他、元祖黒糖銘菓「松風」250円、元祖浅草名物きんつば160円など。通販／可

洋菓子
ゼリー・ババロア部門
第1位

夏柑糖

老松　京都・上京区

初夏に吹く風のように
爽やかに涼を誘う
風雅な京菓子

今や貴重な日本原種の夏密柑
夏場のおつかいものに是非

古都・京都の中でも、最も古いとされる上京の花街〃上七軒〃、その風雅な街並みの中に『老松』はある。粋な空気そのままに、洗練と風格を併せ持った夏場の名物「夏柑糖」は、大きな夏蜜柑の中身をくり抜き、果汁を絞って寒天と合わせ、皮の中に戻して固めたもの。希少な日本原産の夏蜜柑の、鮮烈でキリリとした酸味が特徴的な逸品。つやつやと輝く寒天は、口に入れるとまるで果汁が溢れんばかりの瑞々しさだ。

「夏甘糖は、私も夏場のおつかいものとしてよく使っています。なかなか買えないので希少性も高く、頂いて嬉しいもの。品格のあるお菓子なので、目上の方に差し上げる品物としてもぴったりです」（松田美智子さん）、「夏蜜柑の蓋を開けると、そこにはたっぷり詰まった夏蜜柑の寒天。すくって口に運べど運べど尽きません」（村上祥子さん）

老松　京都市上京区北野上七軒　☎075-463-3050　FAX: 075-463-3051　㊌8時30分～18時　㊡不定休　夏甘糖1470円（1個・箱入り）、2770円（2個・箱入り）、6650円（5個・箱入り）　※日持ち3～4日、毎年4月1日～夏蜜柑がなくなるまでの販売。通販／可
〈HP〉http://www.oimatu.co.jp/

洋菓子 アイスクリーム部門 第1位

ピスタチオのジェラート

BABBI 東京・南青山

ピスタチオの芳香そのままのイタリア仕込みの芸術品

本場イタリアンジェラートは濃厚で香り高くクリーミー

イタリアの小さな街、CESENAのジェラート工場からスタートしたBABBI。新鮮なミルクや厳選した素材を贅沢に使い、イタリア仕込みのジェラートアーティストが現地の味やコクそのままに作り出す、小さな芸術品のようなジェラートだ。本物のだけが持つ、キメの細かいなめらかさな舌触りは正に至福。オリジナルの最高級ピスタチオをふんだんに使った『PISTACC(ピスタッキョ)』は本国でも大人気とのこと。食べれば誰もが納得の、濃厚で香り高くクリーミーな味わいだ。

「数あるアイスクリームの中で、レトロチックな味をそのまま残しながらも、現代らしくお洒落に仕上げる感覚は心憎いばかり」(村上祥子さん)、「濃厚な味わいで、すごく美味しかった。ヨーロッパではピスタチオを使ったアイスを見かけることが多いけれど、日本では珍しい。個人的にとても嬉しかった」(松長絵菜さん)

BABBI 南青山　東京都港区西麻布2-26-20 ☎03-5766-3360　FAX: 03-5766-3360 ㊇月～木12時～23時、金、土、祝前日12時～翌1時、日12時～22時　無休 ジェラート525円～（ダブルでの販売）　通販／可（カップジェラートのギフトセット）〈HP〉http://www.babbi.jp/

洋菓子 プリン部門 第1位

ご馳走プリン

サンタクリーム

北海道・江別市

産地直送のとろとろ食感が素朴な味わいのレトロプリン

北の大地からの贈りもの新鮮なミルクと卵の味わい

北海道ならではの新鮮な素材をふんだんに使い、半熟でとろとろ、どことなく懐かしさを感じる素朴な味に仕上げたクリーミーな瓶プリン。その深い味わいの秘密は北海道・由仁ファームの有精卵「いのちの卵」。一口食べると、卵の優しい香りがふんわりと鼻をかすめて広がっていく。冷凍便で届いてからも出来たてのふるふるとしたフレッシュな食感はそのまま。定番のカスタードの他にも、生チョコ味やコーヒー味、最高級の材料を使った金・銀のプリンなど様々な味のプリンを楽しむことができる。

「地元町村農場のフレッシュなミルクで作る、ふるふるのレトロプリン。やや小ぶりの牛乳瓶から食べる、ちょっとした難儀さがまたgood！カラメルとよ～くからめて頂きたいお味ですね。お手々が汚れないように、長～いスプーンも付いています」（村上祥子さん）

山下館　サンタクリーム　北海道江別市文京台東町1-25　☎011-386-8778　FAX：011-386-8172　㈪10時～21時　㈫火曜　ご馳走プリン（カスタード味）６本セット　2070円他　通販／可（冷蔵でのお届け）〈HP〉http://www.santa

洋菓子
クッキー・マカロン部門
第1位

塩味のクッキー

イル・プルー・シュル・ラ・セーヌ

東京・代官山

フランス菓子の巨匠の技と芳醇なチーズの見事な邂逅

口中に広がるエダムチーズとアーモンド&松の実のコク

フランス菓子界に燦然《さんぜん》と輝く巨匠、弓田亨シェフ作の〝甘くない〟クッキー。口いっぱいに広がるエダムチーズの贅沢な香ばしさにうっとりさせられることは必至。シェフ自らスペインに出向き調達するというアーモンドと、松の実の醸し出すコクが、味全体に見事なアクセントを作り出している。甘いものが苦手な御仁にも自信を持って推薦できる、酒に良く合う大人のクッキーだ。

「素材の良さが伝わる、丁寧な味。大量生産ではこの味は真似できませんね。塩加減が絶妙で、ワインのつまみにもなるし、ジャムをのせてもいい。私もよく進物に使います」(松田美智子さん)、「以前、知人の快気祝いに頂いたことが。今回改めてその美味しさに納得しました。これは逸品ですね」(村上祥子さん)、「この味、とても好き。是非、ワインといっしょにいただきたいですね」(岸朝子さん)

イル・プルー・シュル・ラ・セーヌ　東京都渋谷区猿楽町17-16　代官山フォーラム2階　☎03-3476-5211　FAX:03-3476-5212　㊢11時30分～19時30分　㊡火曜　※祝日の場合は営業。翌水曜休。　塩味のクッキー1缶（21枚～24枚入り）2310円　通販／可
〈HP〉http://www.ilpleut.co.jp/

洋菓子
バウムクーヘン・焼き菓子部門
第1位

ガトー・ピレネー

オーボンヴュータン　東京・尾山台

ただ、ただ圧巻のインパクト！
バウムクーヘン、ここにあり

見て楽しく、もらって嬉しい『正統派』バウムクーヘン

まず、包みを開けた瞬間「ほおっ…」と感嘆の声が漏れるのではないだろうか。その名が示すとおり、ピレネー山脈を思わせる堂々たるその佇まい。河田勝彦オーナーシェフが、フランスに伝わる薪型の元祖バウムクーヘンを復元したものがこの「ガトー・ピレネー」だ。オレンジの香り高い固めの生地には、かすかに塩味が効いており、表面の焦げ感がほど良い香ばしい焼きあがり。形にも味にもインパクトのある、見て楽しく、もらって嬉しいゴージャスなてみやげだ。

「しっかりとした実直な仕事を感じさせる、正直な味です」(岸朝子さん)、「しっとりとしていて、味のバランスがとてもいい。バウムクーヘンの『正統派』という感じがしますね」(松田美智子さん)、「出ました！『これぞバウムクーヘン！』手みやげにもらった人はさぞ嬉しいことでしょうね」(村上祥子さん)

オーボンヴュータン　東京都世田谷区等々力2-1-14　☎03-3703-8428　FAX: 03-3703-0261　㊖9時～18時30分　㊡水曜　※祝日の場合は休まず営業。翌日休。　ガトー・ピレネー（小・高さ約20cm）3850円他、大・8200円、特大・1万7000円も有り。３日前までに要予約。通販／可

洋菓子
ロール・シフォン・パウンド部門
第1位

こづちロール 酒かすクリーム

サケショップ福光屋

東京都・銀座

まろやかなスイーツと
香り高い米麹の
幸福な出会い

老舗酒蔵の見事なチャレンジ 洒落たネーミングも高評価

酒蔵ならではは最高級・吟醸酒粕をふんだんに使ったロールケーキ。ふんわり、しっとりと焼き上げたスポンジと、酒粕が香るさっぱりとした生クリームの取り合わせ。上品でほのかな甘さの残る米麹と、洋風のスイーツが見事に融合した、今までにない味わいだ。箱のふたを開けると、芳醇な酒の香りが周りにただよい、つい顔がほころんでしまう逸品。

「酒蔵の福光屋さんのチャレンジ。お味も大変けっこうですね。甘いものがちょっと苦手、という男性がいる家庭へお持ちするにも、これならいいかも」（岸朝子さん）、「酒粕をふくんだケーキがしっとりしていて、やわらかい。酒粕の香りは強すぎず、ほのか。とても珍しいですね」（松田美智子さん）、「小ぶりに仕上げたロールケーキ。プチでもミニでもなく、『こづち』と銘名したところが心にくいネーミング！」（村上祥子さん）

福光屋　東京都中央区銀座5-5-8　☎&FAX03-3569-2291　㊢11時～21時　日曜・祝日11時～20時　無休　こづちロール　酒かすクリーム（1本）1260円　通販／可　〈HP〉http://www.fukumitsuya.co.jp/

洋菓子
チョコレート部門
第1位

ソリッドチョコ（猫ラベル）

デメル　東京・原宿

猫好きならずとも
見逃せない小悪魔的な
シンプルショコラ

ウィーン王宮御用達
格式高い本物のチョコレート

かの神聖ローマ帝国を統治した、名門ハプスブルク家の紋章をブランドマークに掲げる『デメル』。ウィーン王宮御用達のショコラは、カカオの香り高く、苦みと酸味、甘みのバランスのとれた一級品が勢揃い。中でも人気の高い、通称「猫ラベル」は、愛らしく高級感のあるパッケージ。猫の舌をかたどったユニークな形をした、プレーンで口溶けなめらかなチョコレートだ。

「濃いほうじ茶にとてもよく合うので、『お茶の時間にどうぞ』とお贈りするのもいい。格式高いチョコレート」（岸朝子さん）、「猫のパッケージも可愛らしく、食べやすくベーシックなチョコレート。ワンランク上の味を感じさせてくれますね」（松田美智子さん）、「チョコレート版チュイール。暗闇にキラッと光る猫の瞳のインスピレーションで、思わず2つ、3つと…。ああ、キリがない！」（村上祥子さん）

デメル　原宿クエスト店　東京都渋谷区神宮前1-13-12 ☎03-3478-1251　㊔12時～20時　無休　ソリッドチョコ（猫ラベル・25枚入り）1890円（※スウィート、ミルク、ヘーゼルナッツ）、ザッハトルテ（4号／直径12cm）3150円など。他ギフトセット等多数あり。通販／可　〈HP〉http://www.demel.co.jp/

洋の軽食部門 第1位

「生涯肉職人」の店主が贈るこだわりの和牛コンビーフ

和牛コンビーフ

ハウスメッツガー・ハタ

神奈川・川崎市

まるでリエットのような贅沢な味わいのコンビーフ

世界的なコンクールで何度も金賞を受けている、知る人ぞ知るハム・ソーセージの名店。本場ドイツの昔からの肉職人に敬意を表し『ハウスメッツガー・ハタ』と名付けられた。コンビーフは定番の人気商品で、そのまま食べてももちろん美味しいが、「熱々のご飯にのせて、からし醤油で食べる」のが店主のおすすめ。とろり溶けだした和牛の脂と、ほろほろと崩れる肉の柔らかな繊維が混ざり合い、えも言われぬ口福の味だ。

「和牛のコンビーフは珍しい。安心で嬉しいですね」(岸朝子さん)「家でもよく使っています。ディップにするのがおすすめ」(松田美智子さん)、「和牛でコンビーフと聞けば、贈られた人は絶対に嬉しいはず!」(村上祥子さん)、「牛肉のしっかりとした繊維があり、肉の旨みがぎゅっと凝縮されています。ワインに合いますね」(松長絵菜さん)

ハウスメッツガー・ハタ　神奈川県川崎市麻生区金程1-34-8　☎&FAX044-959-4186　㊔10時～19時　㊡月曜、火曜　コンビーフ（200g）1680円、ビアーシンケン、ソフトサラミ、フランクフルトなど、本格ドイツハム、ソーセージ多数種類有り。通販／可

和の軽食部門 第1位

贅沢茶漬

清左衛門

兵庫・西宮市

甘さを排した贅沢の極み。熱い煎茶と穴子が醸し出す妙

これぞとっておきのてみやげ 最高級の材料を粋な佃煮に

獲れたての最高級穴子を炭火で白焼きにして、山椒を加えて、無添加の調味料のみで炊きあげた辛口の佃煮。穴子の深いうまみが冴え渡る、ごまかしのないすっきりとしたあと味だ。熱々のご飯にたっぷりとのせて頂くのが基本だが、食欲の落ちる暑い夏には、氷水や冷たい煎茶で「水茶漬」にするのが『通の楽しみ方』とのこと。

「とてもおいしゅうございました。ご夫婦2人のご家庭にもいいのでは。違う種類のお茶漬けを日替わりで頂くのも楽しいですね」（岸朝子さん）、「素材の持ち味がきちんと立ち、しっかりした味わいです。細かく刻んでごはんに混ぜるのも好き。日持ちもするし便利です」（松田美智子さん）、「以前より、ムラカミとっておきの手土産の一つです。醤油、酒のみで煮つめアクを抜いて、素材の旨味をとことん凝縮。深いお味です」（村上祥子さん）

清左衛門　兵庫県西宮市甲子園五番町15-16 ☎0798-49-8898　FAX:0798-49-5556 ㊋9時～18時　㊡日曜　贅沢茶漬（杉箱２号）4000円、その他箱サイズ違いや、家庭用に210gプラスチックケース入りも有り。通販／可　〈HP〉 http://www.seizaemon.com/

職人気質そのままの
実直な味。焼いて良し
煮て良しの実力派

和の酒肴部門 第1位

絹揚げ、油揚げ

東京仁藤商店 東京・上野毛

日常的な素材だからこそ丁寧で誠実な仕事がいきる

豆腐用の大豆として、最高の品と名高い佐賀県産の〃フクユタカ〃を使い、良質の〃菜種油〃でカリっと揚げた「絹揚げ」と「油揚げ」。ふくよかな大豆の香りといい、しっとりと密度が濃い昔ながらの食感といい、さぞや特別な秘訣があるのだろうと聞いてみたところ「特別なことはしていません。丁寧に作っているだけ」とのお答え。また、「油揚げは、煮ると味の良さが際だちますよ」とのことだ。本物の豆腐職人ならではの、どこまでも誠実でまろやかな味わいをお楽しみあれ。

「かりっと香ばしくて、とても美味しい油揚げでした。軽く炙ってお酒のつまみとしたい味ですね」(岸朝子さん)、「これは美味しい！ 絹揚げ、油揚げのどちらからも大豆本来のうまみと香りをしっかりと感じることができます。本物の素材ならではの味わい。作り手の心を感じますね」(松長絵菜さん)

東京仁藤商店　東京都世田谷区上野毛1丁目26-14　☎&FAX03-3705-1171　㊝10時〜20時　㊡日曜　絹揚げ（一枚）189円、油揚げ１枚137円　通販／可（予約状況については要確認）

撮影／鈴木亜希子　スタイリング／伊豫利恵　文／久保彩子（以上、so-planning）

てみやげ
セレクション126

い幻の味、意外性のあるアイデアで勝負した話題の味まで。
ることのできるてみやげの逸品が勢ぞろい！

4人の審査員が絶賛！

ジャンル別ベスト

食通たちを唸らせる老舗の味から、かんたんには手に入らな
味も見た目も一流の喜びも驚きも一緒に贈

水ようかんの逸品と地方の個性派涼羹が涼やかな甘さを競い合う

夏蜜柑丸漬 光國本店 山口・萩市

夏みかんの名産地、萩。江戸末期創業の光國本店は、夏みかん菓子ひとすじの老舗。5日間かけて手作りされる。さわやかな香りの白ようかんが涼を呼ぶ品。「中がようかんとは!驚きました」(岸朝子さん)

DATA 山口県萩市熊谷町41 ☎0838-22-0239 FAX0838-22-0241 営9～18時 休不定休 夏蜜柑丸漬 1155円 通販／可

小豆憧風 桔梗屋織居 三重・伊賀市

慶長5年創業の老舗。もちもち、ふるふるとした食感の「小豆憧風(あずきどうふ)」は、ういろうでも羊羹でもなく、「小豆の冷奴」にたとえられる珍しいお菓子。「冷やしていただくといいですね」(村上祥子さん)

DATA 三重県伊賀市上野東町2949 ☎0595-21-0123 FAX0595-24-3829 営8時30分～19時30分 休第2・4月曜 小豆憧風735円 通販／クール便で発送可

水羊羹 岬屋 東京・富ケ谷

口のなかでほろりとくずれるような食感は、名店ならではの繊細さ。包丁の切り口が美しく、絶妙なやわらかさ。「小豆の風味よく、お茶席の上菓子らしい細やかな心が込められています」(松田美智子さん)

DATA 東京都渋谷区富ヶ谷2-17-7 ☎&FAX03-3467-8468 営9～19時 休日曜 水羊羹2730円 通販／クール便で発送可

花園羹 花園万頭 東京・新宿

天保5年(1834年)、金沢に創業した老舗がルーツの花園万頭。花園羹は、上品な甘さにつるりとした爽やかなのどごしが涼を誘う夏らしい一品。「ぬれ甘葛ながしかん」など4種。「老舗ならではの風格」(村上祥子さん)

DATA 東京都新宿区新宿5-16-15 ☎03-3352-4651 FAX03-3341-7675 営9～19時(土・日曜、祝日は～18時) 無休 花園羹 4種類各2個入り2363円、各3個入り3413円他 通販／可 http://www.tokyo-hanaman.co.jp/

肉桂涼感 八百源来弘堂 大阪・堺

南蛮貿易で栄えた堺に、江戸時代より続く老舗。肉桂涼感は、香りよく珍重されてきた肉桂(シナモン)の香りを白豆あんに含ませた、夏限定水ようかん。「肉桂の香りと、ひんやり感が合いますね」(村上祥子さん)

DATA 大阪府堺市堺区車之町東2-1-11 ☎&FAX 072-232-3835 営9～17時(日曜は10～15時) 休月曜 肉桂涼感630円 箱(3本入り)2000円 通販／可 http://www.yaogen.com 8月末まで新宿伊勢丹にて販売中

水大福 龍昇亭西むら 東京・雷門

創業は安政元年。安藤広重の「雷門前図」にも描かれている、江戸を代表する名店。つるんとした食感の水大福は5～9月限定。「大福の表面の塩味が甘さを緩和。米粉で作る夏らしい大福」(深井美佐和さん)

DATA 東京都台東区雷門2-18-11 ☎03-3841-0665 FAX03-3841-2939 営9時～20時 休火曜(不定休あり) 水大福 157円 通販／可

あんわらび 成城あんや 東京・成城学園

こしあんを練りこんだわらび餅を包み込むのは、京都産きなこの香り。「あんとわらび餅の黄金比」を極め、ねっちりとした歯ごたえ、なめらかさを楽しめる。「大きめで、存在感がありますね」(松田美智子さん)

DATA 東京都世田谷区成城6-5-27 ☎03-3483-5537 FAX 03-3483-5268 営9～20時 原則無休 あんわらび2160円(8個ご進物箱入り) 通販／可

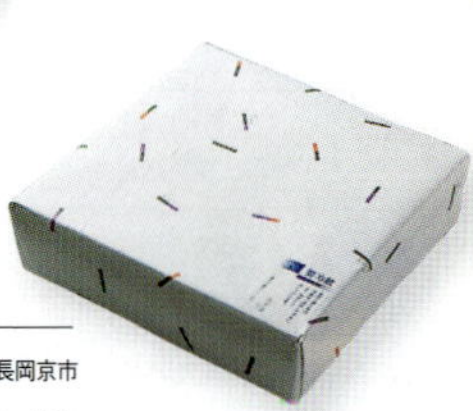

水ようかん若竹 京みずは 京都・長岡京市

涼しげな青竹に流し込まれた水ようかん若竹は、淡くくずれるように溶けてゆく味わい。贅沢に皮を捨てたこしあんの舌ざわりとすっきりした甘み、小豆の風味が魅力。「京都らしい風雅な味です」(村上祥子さん)

DATA 京都府長岡京市うぐいす台1-3 ☎075-951-2787 FAX075-958-0567 営9時30分～17時 無休(通販は土、日、祝日休) 水ようかん若竹450円 通販／可 http://www.mizuha.co.jp/

和菓子 最中・団子・大福・まんじゅう部門

香ばしい皮や餅の美味しさとともに、あんの風味を楽しみたい

九十九餅 志むら 東京・目白

全卵をふんだんに使った、こしのある求肥に包まれて、ふっくらとつややかに煮含められた虎豆。やわらかくほのかな甘さの餅、上質なきな粉の香ばしさがよく合う。「たっぷりのきな粉がいいですね」(松長絵菜さん)

DATA 東京都豊島区目白3-13-3 ☎03-3953-3388 FAX03-3950-9377 ㊔9～19時 ㊡日曜 九十九餅110円 通販／可

鈴乃最中 鈴懸《すずかけ》 福岡・博多

創業以来70年余り、素材を選びぬき「誠実な仕事」を続けてきた鈴懸。新潟県産もち米「こがねもち」のさっくりと軽い皮とともに、風味豊かなあんを楽しめる。「形も可愛らしく、好きです」(松長絵菜さん)

DATA 福岡県福岡市博多区下呉服町4-5 ☎092-291-2867 FAX092-272-1021 ㊔10～17時 無休 鈴乃最中1365円(すず籠10個入り) 通販／不可 http://www.suzukake.co.

豆大福 塩瀬総本家 東京・明石町

越後米のつきたて餅に包まれているのは、北海道産小豆をふっくらと炊いたあん。毎朝、昔ながらの製法で手で作られている。無添加なので1日限りの味わい。「すっきりとした品のある味わい」(松長絵菜さん)

DATA 東京都中央区明石町7-14 ☎03-3541-0776 FAX 03-3541-8180 ㊔10～19時 ㊡日曜・祝日 豆大福200円 通販／不可 http://www.shiose.co.jp/

玉饅 玉英堂彦九郎 東京・人形町

室町時代末、京都に創業し、江戸・人形町に移った京菓子店。玉饅は、栗を中心に5色のあんが層を織りなす、しっとりとしたまんじゅう。味わえば目にも楽しい。「"美しい"のひと言です」(村上祥子さん)

DATA 東京都中央区日本橋人形町2-3-2 ☎03-3666-2625 FAX03-3661-7322 ㊔9～21時(日曜、祝日9～17時) ㊡毎月第三日曜 玉饅600円 通販／可

モナカ 白松がモナカ本舗 宮城・仙台市

自社栽培のもち米を原料としたモナカの皮は、香ばしく豊かな風味。北海道十勝と洞爺湖産小豆のあんなど、最高級の素材を使っている。「小さく、食べやすく、可愛らしいですね。甘さがやさしい」(松長絵菜さん)

DATA 宮城県仙台市青葉区大町2-8-23(本社) ☎0120-008-940 FAX022-262-1113 ㊔9～18時 無休 白松がモナカ1050円(ミニモナカ20個入り) 通販／可 http://www.monaka.jp/

豆大福 つる瀬 東京・湯島

湯島名物の豆大福は、石臼でつくのびのよい餅を使用。つきたての餅に赤えんどうをたっぷり入れ、十勝産小豆使用のあんを包む。一晩寝かせたあんが上品。「あんと豆の味わいがよいですね」(松田美智子さん)

DATA 東京都文京区湯島3-35-7 ☎03-3833-8516 FAX03-3833-8517 ㊔8時30分～21時 無休 豆大福160円 通販／不可

利休ふやき 菊家 東京・青山

うす氷のようにぱりっと繊細に割れ、ほろりと口のなかで溶ける利休ふやきは、千利休に思いを馳せて2代目が考案。茶席でも音が立たないようになどの心配り。「はかない堅さが新鮮」(村上祥子さん)

DATA 東京都港区南青山5-13-2 ☎03-3400-3856 ㊔9時30分～17時(土曜は～15時) ㊡日曜、祝日 利休ふやき2350円(15枚) 通販／可 http://www.wagashi-kikuya.com

米そのものの旨さを生かした香ばしい名店の味が勢ぞろい

毘沙門せんべい 福屋 東京・神楽坂

歌舞伎の名優、17代目・中村勘三郎の特別注文によって生まれた「勘三郎せんべい」は、強めに焦がすことによる力強い香ばしさが魅力。熟練職人が焼く。「米の味、食感ともに好きです」（松田美智子さん）

DATA 東京都新宿区神楽坂4-2 ☎非公開 FAX03-3269-3388 営10～20時（土曜～18時）休日曜、祝日 勘三郎せんべい1260円(15枚入り) 通販／可

おかき 赤坂柿山 東京・赤坂

口の中で広がる香味と、もち米の甘みと旨味。そんな深い味わいをもつ、おかきの正統。富山特産のぜいたくな「新大正もち米」をせいろで蒸し、杵でつき、焼きあげる。「素晴らしい味わい」（村上祥子さん）

DATA 東京都港区赤坂3-6-10(赤坂総本店) ☎03-3585-9927 FAX 03-3585-9462 営9時30分～20時（土曜は10～18時）休日・祝日 「わきあいあい」(5種詰め合わせ) 840円～ 通販／可 http://www.kakiyama.com/

うすばね 菱屋 京都・下京区

花びらのように繊細な薄さ。口に入れればサクサクと軽く溶ける。餅をつき、風で飛ぶほど薄い生地を網に並べて天日干しし、焼いてからしょう油にくぐらせる。「ふわっとした軽さがいいですね」（松田美智子さん）

DATA 京都府下京区花屋町通壬生川西入南側 ☎&FAX075-351-7635 営9～20時 不定休 うすばね 330円(1袋30g) 通販／不可

谷中せんべい 信泉堂 東京・谷中

懐かしいたたずまいを残す、大正時代創業の老舗。ばりっと歯ごたえよく、きつね色のせんべいは香ばしく風味豊か。店の奥で4代目が1枚ずつ焼く。「米の味、しょう油の味と香りが生きています」（松長絵菜さん）

DATA 東京都台東区谷中7-18-18 ☎&FAX03-3821-6421 営9時30分～18時20分 休火曜 堅丸、胡麻、ザラメ各65円 通販／可

塩せんべい 本郷三原堂 東京・本郷

昭和7年創業以来、選りすぐりの素材と熟練職人の技による和菓子を作り続ける名店。塩せんべいは、お米のつぶつぶ感を残した生地を、岩塩としょう油で焼く。「すべてのバランスが完璧」（松田美智子さん）

DATA 東京都文京区本郷3-34-5 ☎03-3811-4489 FAX 03-3811-8194 営9～19時（祝祭日10～18時）休日曜 塩せんべい35円 通販／可 http://www.hongo-miharado.co.jp

かりんとう たちばな 東京・銀座

朱色に橘の花模様の缶が名物となっている、つややかで上品な甘さのかりんとう。表面はかりっと香ばしく、中はさっくり。細い「さえだ」と太い「ころ」の2種類。「缶が素敵。素朴な味も好き」（松長絵菜さん)

DATA 東京都中央区銀座8-7-19 ☎03-3571-5661 営11～19時（土曜～17時） 休日曜、祝日 「さえだ」「ころ」ともに丸缶(中)2800円 通販／不可

塩おかき 豆源 東京・麻布十番

ひとつひとつを天日干しにし、高温の米油と胡麻油でからりと揚げ、さっと塩をふる昔ながらの製法。慶応元年（1865年）創業、老舗ならではの熟練の技の味わい。「揚おかきの風味が好きです」（村上祥子さん）

DATA 東京都港区麻布十番1-8-12(本店) ☎03-3583-0962 FAX03-5561-0235 営10～20時(火曜～19時、金・土曜～20時30分) 休不定休 塩おかき735円(大190ｇ) 通販／可 http://www.mamegen.com/

せんべい 海老萬 愛知・蒲郡市

ふわっ、ぱりっと軽く焼き上げられたせんべいは5種類。三河湾の新鮮な海老をぜいたくに使った「あかしや海老」など、海老のせんべいが看板。「さまざまな色と形で、楽しい気分になれます」（村上祥子さん）

DATA 愛知県蒲郡市神明町6-6(蒲郡本店) ☎0533-68-5068 営9～20時 休第2・4木曜 「潮」2098円(中箱入り)、「漁」7137円(木箱入り、風呂敷付き) 通販／可 http://www.ebiman.co.jp/

きめ細やかな食感と小豆の豊かな風味を引き出した名品たち

小鳩豆楽 豊島屋 神奈川・鎌倉

ふっくらとした可愛らしい小さな鳩は、豆粉の風味で仕上げられた落雁。きめ細かい舌触りが、口のなかでふわっと溶ける。「小さな鳩が幸せを運んでくれそう! 幸せな気持ちになれるお菓子です」（松長絵菜さん）

DATA 神奈川県鎌倉市小町2-11-19 ☎0467-25-0810 ㊔9～19時 ㊡水曜 小鳩豆楽 630円（1缶入4包）通販／可 http://www.hato.co.jp/

天下文明極上カステラ 銀座文明堂 東京・銀座

昭和14年開店の名店が誇る、極上のカステラ。栃木産「螢の里」の有精卵を通常のカステラの3割増使い、和三盆糖、英国産コッツウォルドハニーを加え、職人が1窯ずつ焼く。「ほっと安心する味」（村上祥子さん）

DATA 東京都中央区銀座5-7-10（銀座5丁目店）☎＆FAX03-3574-0002 ㊔11～21時 無休 天下文明極上カステラ6300円 通販／可 http://www.bunmeido.com/

どらやき うさぎや 東京・阿佐谷

しっとりとした皮にたっぷりと包まれている北海道十勝産小豆のつぶあん。きつね色の香ばしい皮と、つぶあんの美味しさを楽しめる。「やはり美味しいですね! いただくとうれしい品です」（松田美智子さん）

DATA 東京都杉並区阿佐谷北1-3-7 ☎03-3338-9230 ㊡土曜、第3金曜 ㊔9～19時 どらやき170円 通販／不可

なまどら焼 榮太楼 宮城・塩釜市

蜂蜜と日本酒をたっぷり含ませた皮は、ふっくらとしたやわらかい食感。選りすぐった上質の北海道産あずきに、フレッシュな生クリームを混ぜたあんが包まれている。「生地がふわふわですね」（松長絵菜さん）

DATA 宮城県塩釜市本町2-16（本店）☎022-362-0235 FAX022-362-3828 ㊔9～19時 無休 榮太楼なまどら焼157円 通販／可 http://www.namadora.com

オーダー月餅 清薫洞 千葉県・千葉市

世界に1つだけの名前入り月餅。注文に応じて1個1個を焼き上げる際、名前やロゴを入れてくれる。ごまやくるみが入ったあんは、上品な味。無添加。「月餅のオーダーメイド?!楽しいですね」（村上祥子さん）

DATA 千葉県千葉市美浜区高浜3-4-2 ☎043-277-4182 FAX 043-277-9470 オリジナル名入れ月餅2600円（8個入り）通販／可 http://www.tanuma-atsuko.com/

黒糖どらやき 香炉庵 横浜・元町

あっさりとした甘さの粒あんを包むのは、厳選した沖縄産黒糖を加えて焼きあげた皮。こんがりと焦げ色のついた皮が香ばしく、やわらかな食感。「黒糖の自然な甘さと香りがふわっと立ちます」（松田美智子さん）

DATA 神奈川県横浜市中区元町1-40 ☎＆FAX045-663-8866 ㊔10～19時 無休 黒糖どらやき840円（5個入り）通販／可 http://www.kouro-an.jp/

どらやき 清寿軒 東京・日本橋

江戸末期創業の暖簾を守るのは、職人気質の7代目。一番人気は風味豊かな粒あんが包んだ大きなどらやき。「蜂蜜や卵をたっぷり使った贅沢な味わい」（中村雄昂さん）

DATA 東京都中央区日本橋小舟町9-16 ☎03-3661-0940 FAX03-3661-0930 ㊔10～18時（売り切れ次第、閉店）㊡土・日曜、祝日 大判どら焼き1260円（5個入り）通販／可 http://mpn.cjn.or.jp/mpn/contents/00002083/page/cp-top.html

チャット うさぎや 栃木・宇都宮市

創業大正4年。厳選した材料で熟練の職人が作り続けている。やさしい甘さの皮で白あんを包んだチャットは、バニラが香る。チャットの名付け親は相田みつを氏。「懐かしくほっとする味わいです」（松長絵菜さん）

DATA 栃木県宇都宮市伝馬町4-5 ☎028-634-6810 FAX028-634-1295 ㊔8時30分～18時30分 ㊡水曜 チャット10ヶ入1155円 通販／可 http://www.usagimonaka.com/

人形焼 山田家 東京・錦糸町

昭和26年、鶏卵問屋を営む初代が創業。茨城県奥久慈の地玉子、蜂蜜、北海道産小豆、極上ざらめなどの厳選素材で焼きあげられる。「たしかな定番だからこそ、うれしい手みやげ」（村上祥子さん）

DATA 東京都墨田区江東橋3-8-11 ☎03-3634-5599 FAX03-3631-4689 ㊔9～20時 ㊡元旦のみ 人形焼1260円（あん入り・13個入り）通販／可 http://yamada8.com

フレッシュな果実や素材の香りを閉じ込めた逸品が上位に！

フルーツゼリー レオニダス 東京・銀座

1913年、ベルギーに創業。みずみずしいゼリーの1粒1粒に、南フランスの太陽をたっぷり浴びて熟した果物のジュースが込められている。「見た目が可愛らしく、果物の味と香りが生きています」（松長絵菜さん）

DATA 東京都中央区銀座2-4-1 ☎03-3538-0131 FAX03-3538-0133 ㊎11〜20時（日曜〜19時） 無休 フルーツゼリー2500円(10個入り) 通販／可 http://www.leonidas-alex.jp/

〈吟果膳〉でざあととまと 岡山県青果物販売 岡山・岡山市

岡山県産の桃太郎トマトを丸ごと使った透明感ある赤いゼリー。1個ずつていねいに皮をむき、果肉をシロップに漬け込み、柔らかめのゼリーに仕上げる。「トマト本来の味が、ちゃんと生きていますね」（岸朝子さん）

DATA 岡山県岡山市岡南町2-3-1 ☎086-224-8401 FAX086-224-8402 ㊎9〜18時 ㊡日曜 〈吟果膳〉でざあとトまと600円（1個） 通販／可

呼子甘夏ゼリー 甘夏かあちゃん 佐賀・唐津市

古くから甘夏みかんの産地だった加部島。愛情込めて育てた甘夏みかんを広く知ってほしいと地元のお母さんたちが作る。自然素材のみで作られ、香りさわやか。「作り手の愛情と誠実さを感じます」（松長絵菜さん）

DATA 佐賀県唐津市呼子町加部島3748 ☎0955-82-2920 FAX0955-82-1920 ㊎8時30分〜17時 無休 呼子夢甘夏ゼリー2100円（2Lサイズ6個入り） 通販／可 http://www.100amanatsu.com/

ふるふるゼリー ブルーリボン 東京・奥沢

日本各地からとりよせた果汁やリキュールを、ドイツの最高級ゼラチンを使って、極限までゆるく仕上げた色とりどりのゼリー10種。「ふるふると揺れる繊細な加減が見事。本物のゼラチンの味」（村上祥子さん）

DATA 東京都世田谷区奥沢3-29-7 ☎＆FAX03-3726-1332 ㊎10時30分〜19時30分 ㊡月曜（祝日の場合は翌日） ふるふるゼリー263円 通販／不可

絹ごしフルーツ杏仁マンゴー 千疋屋総本店 東京・日本橋

インド産アルフォンソマンゴーの香りよくみずみずしい果肉を、ぜいたくにたっぷり使用。なめらかな舌触りを楽しめる。東京駅、羽田空港店限定品。「名店の誇りを感じる、はっきりとした美味しさ」（村上祥子さん）

DATA 東京都千代田区丸の内1-9-1 JR東京駅中央通路内（東京駅銘品館店） ☎＆FAX03-5219-5079 ㊎7〜21時（金曜〜21時30分） 無休 絹ごし杏仁マンゴー525円 通販／不可 http://www.sembikiya.co.jp/

黒蜜ゼリー・ミルクゼリー 西光亭 東京・渋谷

安心素材によるデザートや、惣菜が人気の西光亭。「寒天と沖縄産黒蜜で作った黒蜜ゼリーは、やさしい味。ミルクゼリーは、成分無調整の牛乳と練乳で作るなつかしい甘さです」（中村雄昂）

DATA 東京都渋谷区上原2-48-11 ☎03-3468-2178 FAX03-3469-2972 ㊎11〜21時 無休 黒蜜ゼリー378円（1カップ80g入り）、ミルクゼリー378円（1カップ100g入り） 通販／可 http://www.seikotei.jp/

抹茶ババロア 紀の善 東京・神楽坂

神楽坂の名物として親しまれている抹茶ババロア。濃厚な抹茶の味わいのもっちりとしたババロアに、丹波大納言小豆あんと生クリームが添えられている。「いただくと嬉しい一品。舌触りがなめらか」（村上祥子さん）

DATA 東京都新宿区神楽坂1-12 ☎03-3269-2920 FAX03-5261-0471 ㊎11〜21時（日曜、祝日12〜18時） ㊡第3日曜 抹茶ババロア630円（お土産用） 通販／可（11〜3月のみ）

クレーム・ブリュレ・オ・カルバドス かやの茶屋 北海道・札幌

生クリームやリンゴなど北海道産素材使用。自分で表面をぱりっと焼いて、仕上げる。「自分で表面を焦がすのが楽しく、美味しいですね」（村上祥子さん）

DATA 北海道札幌市中央区南10条西6 ☎011-533-0808 ㊎11〜21時（日曜、祝日〜20時30分） ㊡火曜 クレーム・ブリュレ・オ・カルバドス3500円（6個入り・バーナーライター付き） 通販／可 http://www.kayanochaya.com/

濃厚な舌触り、素材の旨みが生きたアイスクリームがランクイン！

チョコレートアイス

ピエールマルコリーニ 銀座 東京・銀座

詰め合わせの中でも一番人気が「チョコレートアイス」。ベネズエラ産のカカオを使用した濃厚な味ながら口当たりは軽く滑らか。「生チョコに匹敵する味わい。子どもにわからない、大人の味ね」(岸朝子さん)

DATA 東京都中央区銀座5-5-8 ☎03-5537-2047 (営)11～20時 (日・祝)～19時 無休 アイスクリーム6個入り3990円 通販／可 参考URL http://www.pierremarcolini.jp/

花いちごのアイス

ヒカリ乳業 山口県・光市

アイスクリームは北海道産の乳脂肪分47%の生クリームを使用し、いちごを十字に切り開いたフリーズドライをトッピング。甘酸っぱさが後を引く。「さわやかな一粒イチゴが花のようで美しい」(松長絵菜さん)

DATA 山口県光市島田4丁目4番40号 フリーダイヤル0120-52-0147 FAX0833-72-4289 (営)9～17時 ㊡日祝日 花いちごのアイス15個入3,675円 通販／可

京アイス詰め合わせ

あいすくりんちべた 京都・上京区

黒大豆きなこ、みそ、抹茶や、枇杷、さくらんぼ、シュガートマトなど旬のフルーツや野菜を使ったアイスクリームやシャーベットが豊富に揃う。「風味豊かな玄米茶のアイスクリームが秀逸です」(松長さん)

DATA 京都府京都市上京区千本通笹屋町東北角 ☎&FAX075-414-8688 (営)11～21時 ㊡月曜（祝日は営業、翌日代休）※月に一回 月・火連休あり 6個入り贈答用2230円 通販／可 http://www.kyo-ice.com/welcome/head.html

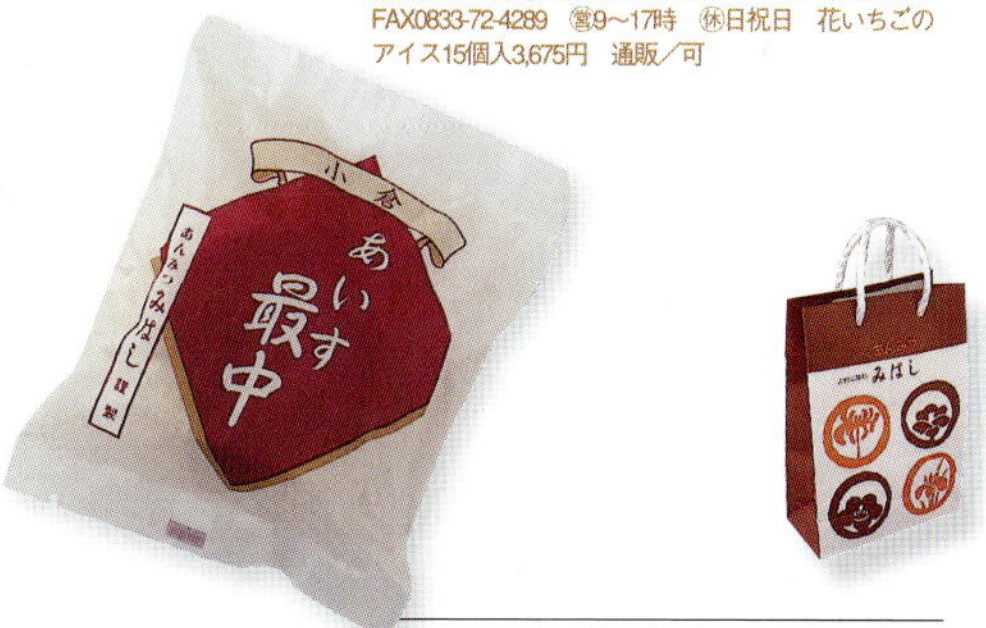

みはしアイス最中

みはし 東京・上野

上野のあんみつ店で好評のお土産品。米粉の手焼き最中で抹茶、バニラ、小倉のアイスクリームを挟んでいる。「見た目はオーソドックス。でも、ひとくち食べれば、アイスの風味が口いっぱいに」(村上祥子さん)

DATA 東京都台東区上野4-9-7 ☎03-3831-0384 FAX03-3831-0948 (営)10時30分～21時30分 ㊡不定休 宅配用12個セット2720円（ドライ、包装料含む） 通販／可 http://www.mihashi.co.jp/

フロム蔵王トリコローレアイス

山田乳業 宮城・仙台市

主原料は蔵王高原の新鮮な生乳。「バニラアイス」に、地元で収穫された「仙台いちご」、イタリア産のピスタチオで作る「ピスタチオアイス」をセット。「さっぱりとした味。バニラが美味しい」(松田美智子さん)

DATA 宮城県仙台市太白区宮城県仙台市太白区郡山8丁目5-25 フリーダイヤル0120-987-369 FAX022-247-3179 (営)9～18時 ㊡日曜、祝日 フロム蔵王トリコローレアイスセット12個入 通常価格4450円 ネット価格3550円 通販／可 参考URL http://www.from-zao.com/

ぼぼりアイス

ぼぼり 東京都・西荻窪

しぼりたての牛乳を低温殺菌し、じっくり熟成。水あめ、香料などは一切不使用。「新鮮な牛乳の味がしっかり残り、飽きずに安心して食べられます」(田沼敦子さん)

DATA 東京都杉並区西荻南2-23-8 ☎&FAX03-3333-9910 (営)11～22時 ㊡月曜（祝日は営業、翌日代休）7・8月は無休 ぼぼりアイスおまかせ7個3600円 通販／可 http://www.boboli-i.com/

卵の味をダイレクトに感じる、素朴なプリンに人気が集中

まろやかプリン ロンシャン洋菓子店 栃木・宇都宮市

生クリームとコンデンスミルクを使用しているため味わいは濃厚だが、甘さが残らないすっきりした後味。「しっかり冷やしてから食べるとおいしいですね」(村上祥子さん)

DATA 栃木県宇都宮市下岡本町4547-20 ☎028-673-9911 FAX028-673-5054 (営)9～20時 (休)木曜 4個950円 通販／可（ネットおよびFAX） http://www.longcham.jp/

北海道フレッシュクリームプリン MARLOWE 神奈川・葉山

パイレックス社特製のオリジナル耐熱ビーカーで作ったプリン。たっぷりの新鮮な卵を使った固めのタイプ。「今どきのやわらかプリンとは違った昔ながらの焼きプリン。いいですね」(村上祥子さん)

DATA 神奈川県横須賀市秋谷3-6-27 ☎046-857-4780 FAX046-856-6687 (営)11時30分～22時 (休)金曜 北海道フレッシュクリームプリン787円 通販／可 http://www.marlowe.co.jp/

大人だけの【半熟】贅沢プリン

仏蘭西焼菓子調進所**足立音衛門** 京都・福知山市

コクのある赤卵の卵黄だけを使い、讃岐三谷家の手造り和三盆糖、牧場直送のジャージー牛乳、無添加の生クリームを加えている。「ビターとスイートの美しき融合が口の中で美しくほどける味」(門上武司さん)

DATA 京都府福知山市和久市町334 0120-535-400 FAX0773-23-0643 (営)9～18時 (休)元旦のみ 6本3000円 通販／可 http://www.otoemon.com/

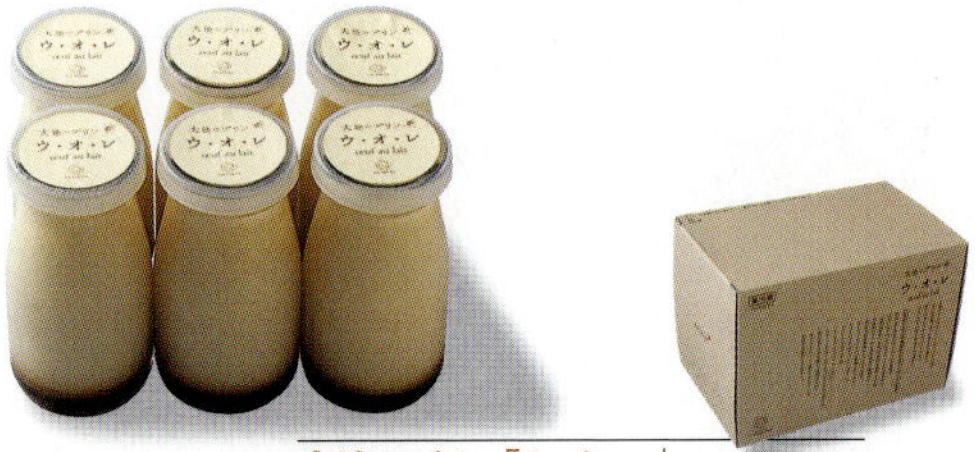

大地のプリン「ウ・オ・レ」 ラ・テール 東京・池尻

原料は放牧した鶏の自然卵の黄身、低温殺菌したジャージー牛乳、オーガニックシュガー、オーガニックバニラビーンズの4素材。素材と配合にこだわったプリン。「口の中で溶けるようななめらかさ」(田沼敦子さん)

DATA 東京都世田谷区池尻3-27-10 ☎03-5486-5489 FAX03-5486-5493 予約専用フリーダイヤル0120-548-951 (営)10～20時 不定休 6本2079円 通販／可 http://www.laterre.com/

ミャムミャムプリン

パティスリーロアレギューム 埼玉・志木市

店の敷地内の庭で放し飼いされた自家鶏卵を使用。ミャムミャムとはフランス語で「美味しい」という意味の幼児言葉。卵が香り立つプリン。「バニラとほろ苦いカラメルのバランスがいい」(深井美佐和さん)

DATA 埼玉県朝霞市三原3-32-10 ☎＆FAX048-474-0377 (営)10～19時 (休)火曜、第3火、水 250円 通販／可

にしかまプリン レ・シュー 神奈川・鎌倉市

西鎌倉にある瀟洒な菓子店の定番商品。卵は「那須御養卵」を使用し、おいしさと安全を追求。深みのある味が評判だ。甘さひかえめで舌触りがなめらか。「バニラが効いた誰にも愛される優しい味」(深井美佐和さん)

DATA 神奈川県鎌倉市西鎌倉1-1-10 ☎0467-31-5288 FAX0467-31-5809 (営)9～19時 (休)第3水曜 6本入り1890円 通販／可 http://www.leschoux.co.jp/shoping.html

洋菓子 クッキー・マカロン部門

シェフの豊富な経験と確かな技、店の伝統と歴史が票を集めるカギに

マーブルクッキー 山本道子の店 東京都・半蔵門

チョコレートと抹茶の香りが豊かな、大理石模様のクッキー。山本さんは洋菓子の老舗「村上開新堂」の5代目当主。「甘さ控えめ。丁寧な作りをしていますね」（松田美智子さん）

DATA 東京都千代田区一番町27 ☎03-3261-4883 FAX03-3264-6763 ㊫10～18時 ㊡日曜、祝日、第1・3土曜 1780円 通販／可 http://www.kaishindo.co.jp/michiko/

鳩サブレー 豊島屋 神奈川県・鎌倉

明治時代に鎌倉で生まれ、現在も鎌倉銘菓として親しまれている。バターの香りとサクッとした小気味よい歯ごたえが身上。「万人向け。しかもおいしい。誰がもらってもうれしい手土産」（松田美智子さん）

DATA 神奈川県鎌倉市小町2-11-19 ☎0467-25-0810 ㊫9～19時 ㊡水曜 8枚入り折箱840円 通販／可 http://www.hato.co.jp/

シガール ヨックモック 東京・青山

シガールとは「葉巻」の意味。バターをふんだんに使い、葉巻状に巻いて薄く焼いたクッキー。「サクサクした食感ととろけるような口溶け、やさしい甘さが好き。いただいてもうれしい定番のお菓子」（松長絵菜さん）

DATA 東京都港区南青山5-3-3 ☎03-5485-3330 ㊫10～19時 無休（年末年始のぞく） 14本入り840円 通販／不可 http://www.yokumoku.co.jp/

セザム ディーン&デルーカ 東京・品川

直径10cmほどもある大きなクッキーで、白黒両方のごまがたっぷり混ぜこんであるのが特徴。「ごまがたくさん入っていて、ボリューム感のあるしっかりとした味わいです」（松長絵菜さん）

DATA 東京都港区港南2-18-1 アトレ品川 2F ☎03-6717-0935 ㊫10～23時 不定休 1890円 http://www.deandeluca.co.jp/

マカロン 和光チョコレートサロン 東京・銀座

1個の直径が約6～7cmある、食べ応え満点のマカロン。とくにチョコレート風味は間に挟まれたガナッシュが濃厚で、外はほっくり中はしっとりしている。「大きくて話題性がある。手みやげ向き」（村上祥子さん）

DATA 東京都中央区銀座4-4-5 ☎03-5250-3135 ㊫10時30分～19時30分（日曜、祝日～19時） 無休 各630円 通販／不可 http://www.wako.co.jp/

焼き菓子詰め合わせ ロワゾー・ド・リヨン 東京・湯島

プチマドレーヌ24個とさくさくナッツサブレ24個のセット。マドレーヌはふんわり感を最大限に出すために米粉と小麦粉の両方を使用するというこだわり。サブレはさくさくでナッツの香ばしい香り。

DATA 東京都文京区湯島3-42-12 ☎03-3831-9901 ㊫10時～21時 無休 通販／可 プチマド&ダミエセット 2610円 http://www.lo-lyon.com/

パルミエ 珈琲屋バッハ 東京都・南千住

下町の自家焙煎コーヒーの店が、コーヒーに合う焼き菓子として提案。パルミエは砂糖をふった折りこみパイを葉形にして焼いた菓子。「パイ生地の確かな美味しさ。洋菓子が好きな方には最適」（村上祥子さん）

DATA 東京都台東区日本堤1-23-9 ☎03-3875-2669 FAX03-3876-7588 ㊫8時30分～21時 ㊡金曜 焼き菓子各種（パルミエ1枚120円） 通販／可 配送は2000円から http://www.bach-kaffee.co.jp/index.htm

マカロン ダロワイヨジャポン 東京・銀座

パリのダロワイヨでは1800年代から販売していたというほどの「看板」商品。定番6種のマカロンに加え限定マカロンも随時販売。「色とりどりで楽しいマカロンです」（松長絵菜さん）

DATA 東京都中央区銀座6-9-3 ☎03-3289-8260 ㊫10～22時（日曜、祝日～21時） ㊡元日 6個入り1365円 通販／可 http://www.dalloyau.co.jp/

嘘偽りのない、丁寧な作りがそのまま菓子の味にあらわれている

ウイークエンド オーボンヴュータン 東京・尾山台

日本を代表するフランス菓子シェフ、河田勝彦氏のパティスリー。贈答品として人気の高いウイークエンドはレモンの香りがさわやか。「風味も生地もコーティングも。どれも素晴らしい！」(松田美智子さん)

DATA 東京都世田谷区等々力2-1-14 ☎03-3703-8428 FAX03-3703-0261 (営)9〜18時30分 (休)水曜 1800円 通販／可

バームクーヘンクラシック マリアンジェラ 兵庫県・西宮市

1日99個の限定生産。平飼の地鶏有精卵や北海道産のバターを加えてふっくらと焼き上げている。機械では出せない手作りならではの風味を楽しみたい。「卵の香りがするやさしい味わい」(松長絵菜さん)

DATA 兵庫県西宮市下大市西町1-27 ニュー門戸ビル1階 ☎0798-57-5755 FAX0798-57-5756 (営)11時30分〜19時 (休)月曜 高さ5cm1470円〜 通販／可

木の実と蜂蜜のクグロフ セセシオン 兵庫県・神戸

蜂蜜入りのしっとりした生地に、信州胡桃とアーモンドヌガーを加えたリッチで飽きのこない味わい。「とても美味しい！　洋酒の香りと、木の実のコク・甘みが生きています」(松長絵菜さん)

DATA 兵庫県神戸市東灘区御影町御影字2-8-7 ☎078-854-2678 FAX078-854-2451 (営)10〜19時30分 (休)水曜 Sサイズ1600円Lサイズ3000円（ギフト箱は各々200円、250円）通販／可（要電話）http://www.kobe-nishimura.jp/sece/index.html

竹取物語 京洋菓子司ジュヴァンセル三条店 京都・中京区

竹の皮に包んでしっとりと焼き上げた、緑茶に合う焼き菓子。カットすると国産の黒豆、大粒の和栗がぎっしり詰まっている。「栗がごろんと入っていて驚きました」(松長絵菜さん)

DATA 京都府京都市中京区三条通河原町東入 ☎&FAX 075-213-1867 (営)11時〜21時 無休 1本2310円 通販／可 http://www.jouvencelle.jp/

塩ケーキ 焼き菓子のACOT 東京・富ケ谷

天然塩「ゲランド・セルマランド・ブルターニュ」が主役のオリジナルケーキ。塩が控えめな甘みを引き出している。「自然な塩の味があっさりしていて食べ飽きないケーキ」(岸朝子さん)

DATA (営)オンラインショップのみ (休)年末年始、夏季休あり 1800円 通販／可 http://www.acot.jp/

さのわ 御室さのわ 京都・右京区

シナモン、ナツメグなど、スパイスが香るウィーンの菓子、リンツァトルテ。これにラズベリージャムを組み合わせて深みのある味わいに。「スパイシーなお味。少しずついただきたいお菓子ですね」(村上祥子さん)

DATA 京都府京都市右京区御室竪町25-2デラシオン御室1F ☎075-461-9077 (営)10〜18時 (休)月曜 1本1575円 通販／可 http://www.sanowa.shop-site.jp/top/top.html

おもいでの大きな樹 小山流バウムクーヘン パティシエ エスコヤマ 兵庫・三田市

小山進シェフが幼いころに過ごしたことのある加美町の播州地卵を使用。しっとりとした焼き上がりとやさしい甘みが新鮮。「味がとてもよい。卵の風味がしっとりとした生地からじんわり広がります」(松田美智子さん)

DATA 兵庫県三田市ゆりのき台5-32-1 ☎079-564ー3192 FAX079-564-3197 (営)10〜18時 (休)水曜 直径15cm×4.7cm／1050円、他に17cm×6.7cm／2100円、17cm×10cm／3150円 通販／可 http://www.es-koyama.com/※6月7日〜16日は臨時休業

アップルパイ マミーズ 東京・西片

子どもも安心して食べられる控えめな甘さ。りんごをたっぷり加えている。長野県山ノ内町一帯のりんご農家より直接仕入れ、季節により品種が変る。「お母さんのアップルパイのような素朴な味」(松長絵菜さん)

DATA 東京都文京区西片1-2-2 ☎&FAX03-3812-0042 (営)9〜19時 無休 直径15cm1050円〜 通販／可 http://homepage3.nifty.com/applepie/

カヌレドボルドー 和光グルメ&ケーキショップ 東京・銀座

フランスのボルドー地方の修道院で作られた伝統的な焼き菓子。カヌレ型と呼ばれる焼き型で焼かれる。表面は歯ごたえがあり中はもっちりしたカヌレの真骨頂。「カヌレ好きを喜ばせるにはこれ！」(村上祥子さん)

DATA 東京都中央区銀座4-4-8和光別館1F ☎03-5250-3102 (営)10時30分〜19時30分（日曜、祝日〜19時）無休 2個630円 通販／不可 http://www.wako.co.jp/

ロールケーキは、シンプルな味わいが好評

上町ロール patisserie Sei 東京・上町

スポンジに使用する卵は甘みとコクを併せ持つ、那須御養卵。生クリームは北海道産の生乳など数種をブレンド。「スポンジとクリームのコンビネーションがいいですね」(松田美智子さん)

DATA 東京都世田谷区世田谷2-6-5 ☎&FAX03-3420-0985 (営)10～20時 ㊡水曜、第3火曜 680円 通販／不可

モカロール ウエスト 東京・銀座

銀座の老舗の定番ケーキ。コーヒーの香り豊かなモカクリームを、きめ細かいふんわりとした生地で巻いている。「クリームのモカの香りが利いている」(松田美智子さん)

DATA 東京都中央区銀座7-3-6 ☎03-3571－1544 FAX03-3289-1885 (営)9～23時、土曜、日曜、祝日12:00～21:00 無休 2310円 通販／不可 http://www.ginza-west.co.jp/

生ロール コンディトライ・ニシキヤ 東京・祖師谷大蔵

しっとり、かつもちもちした食感のスポンジ。気取りがなく、万人の口に合う安心の味。「スポンジとクリームがともに白いのが特徴」(村上祥子さん)

DATA 東京都世田谷区祖師谷3-32-3 ☎03-3482-0482 FAX03-3482-3991 (営)8時30分～20時30分 ㊡原則として第3木曜 900円 通販／可

キミロール ホルン洋菓子 大阪・十三

全卵ではなく黄身だけを使用したスポンジで、バタークリームを巻いた名物ケーキ。店頭には並ばない商品だが、口コミで全国から注文が殺到。「スポンジが鮮やかで、美味しさも際立っている」(村上祥子さん)

DATA 大阪府大阪市淀川区十三東3-24-6 ☎06-6301-2070 FAX06-6302-6540 (営)10時～売り切れ次第閉店 ㊡火曜 900円 通販／不可 ※パッケージは変更予定

ロールケーキ グランクリュ多摩センター駅店 東京・多摩市

卵、粉、砂糖というシンプルな材料から作り出される素朴な味のロールケーキ。「ソフトなスポンジもよいが、特筆すべきは中の生クリーム。ナチュラルな味で、牛乳本来の美味しさが感じられる逸品」(森脇慶子さん)

DATA 東京都多摩市落合1-11-2 ☎&FAX042-371-7788 (営)9時30分～21時 ㊡火曜不定休 893円 通販／可

パウンドケーキ 鎌倉 歐林洞 神奈川・鎌倉

季節によって内容が変わるパウンドケーキは9種類。「ショコラオランジェ」は特製オレンジピールで風味づけした完成度の高い一品。「芳醇な香りが鼻に抜ける濃厚なテイストが印象的です」(吉田菊次郎さん)

DATA 神奈川県鎌倉市雪ノ下2-12-18 ☎0467-23-8838(代) (営)11～18時 無休 1300円(税込) 通販／可

世界のショコラを背負って立つ一流シェフたちの味の競演

コフレ・メゾン ラ・メゾン・デュ・ショコラ 東京・表参道

フランスのチョコレートガイドブックで、5つマークを獲得した洗練された味わいとバランス。プラリネ、ガナッシュなど様々な味が楽しめる。「チョコレートの美味しさをストレートに感じる」(松長絵菜さん)

DATA 東京都港区北青山3-6-1 ハナエモリビル1階 ☎03-3499-2168 FAX03-3499-2504 (営)10時30分〜19時 ㊡年末年始 29粒入り8100円 通販／可 http://www.lamaisonduchocolat.co.jp/

トリュフシャンパーニュ ピエールマルコリーニ 東京・銀座

ミルクチョコレートの中にシャンパンの香り豊かなガナッシュを詰め、シュガーパウダーでコーティング。「とろりと溶けていく食感がよい」(岸朝子さん)

DATA 東京都中央区銀座5-5-8 ☎03-5537-0015 (営)11〜20時（月〜土曜）11〜19時（日・祝） 無休 トリュフ・シャンパーニュ1個336円 通販／可 http://www.pierremarcolini.jp/

チョコレートセレクション オリオール・バラゲ 東京・白金台

スペインの「エル・ブジ」でシェフを務めたオリオール・バラゲ氏によるショコラ。キャラメルソルト、プラリネ、スパイスなど12種の個性豊かな味。「見た目に勝る驚きの美味しさ！」(村上祥子さん)

DATA 東京都港区白金台4-9-18 Barbizon32ビル2F ☎&FAX 03-3449-9509 (営)10〜19時 ㊡月曜 コレクション12 3780円 通販／可 http://www.oriolbalaguer.com ※フレーバーは変更予定

ボンボンショコラ テオブロマ 東京・渋谷

厳選素材を駆使し、カカオの美味しさを追求した逸品。作り手は日本のチョコレート文化の向上に貢献した土屋公二シェフ。「日本人シェフのチョコレートの名店。店の名前を見ただけでうれしい」(村上祥子さん)

DATA 東京都渋谷区富ケ谷1-14-9 グリーンコアL渋谷1F ☎03-5790-2181 FAX03-5790-2182 (営)9時30分〜20時 無休 ボンボンショコラ10個入 2730円 通販／可 http://www.theobroma.co.jp/

ミント ショコラティエ・エリカ 東京・白金台

葉っぱの形をしたキュートなひと口サイズのチョコレート。チョコレートのコクとミントの爽快な香りの調和が秀逸。「口寂しいときにあるとうれしいチョコレート」(松田美智子さん)

DATA 東京都港区白金台4-6-43 ☎03-3473-1656 FAX03-3473-2048 (営)10〜18時30分 ㊡8月1日〜31日, 12月31日〜1月3日 100g／840円 通販／可 http://www.erica.co.jp/ ※9月より価格変更予定

ボワットゥドゥショコラ ジャン＝ポール・エヴァン 東京・新宿

香り、甘味、苦味、酸味のバランス、口の中の余韻、すべてが芸術の域。マロン風味のガナッシュとミルクチョコレートの「アナプルナ」など、「シンプルな見た目からは想像できない美味しさ」(松田美智子さん)

DATA 東京都新宿区新宿3-14-1 伊勢丹新宿本館B1 ☎03-3352-1111（代） (営)10〜20時 ㊡不定休 6種詰め合わせ1890円 通販／可 http://www.jpn-japon.co.jp

柚子トリュフ テオ ムラタ 大分県・湯布院

柚子皮と砂糖などを練って作る大分の「柚子ねり」をビターチョコレートでコーティングし、カカオパウダーをまぶしたトリュフ。「日本人なら、きっと喜ぶ味と香り。パッケージのセンスもいい」(村上祥子さん)

DATA 大分県由布市湯布院町川上1267-1 ☎0977-85-2975 FAX0977-85-3072 (営)10〜17時 ㊡火曜 柚子トリュフ4個入り 1260円 通販／可 http://www.sansou-murata.com/facilities/theomurata01.html

パレドオール
ショコラティエ・パレドオール 大阪・梅田

「金の円盤」という意味を持つ、三枝俊介シェフのスペシャリテ。ビターとミルクの2つの味の詰め合わせだ。「金箔入りの美しさにうっとり。おめでたいイベントのときに喜ばれる手みやげ」(村上祥子さん)

DATA 大阪府大阪市北区梅田2-2-22 ハービスPLAZA ENT4F ☎06-6341-8081 FAX06-6341-8082 (営)11〜22時 ㊡建物の休館日に準ずる 8個入り2835円 通販／可 http://www.palet-dor.com/ ※東京店もあり

東京の石畳 パティシエ・シマ 東京・麹町

生チョコブームの火付け役として知られる島田進シェフの代表的な菓子。生クリームをふんだんに加えたキューブ状の生チョコレートで香り、口溶けともに上品な味。「カカオの味が生きている」(松田美智子さん)

DATA 東京都千代田区麹町3-12-4 麹町KYビル1階 ☎&FAX03-3239-1031 (営)10〜19時 土曜〜17時 ㊡日曜・祝日 12個入り1260円 通販／可 http://www.gateaux.or.jp/g/member/goods/0034.htm

洋の軽食部門

唯一無二の個性的な味わいが上位にずらりと並ぶ！

スモーク・サーモン　ムーラン・ド・ラ・ヴァレー　長野・軽井沢

4日から1週間かけてじっくりと燻して作られるフランス流の上質なスモーク・サーモンは、ハーブの香り高く、とろけるような舌触り。「とてもフレッシュで、さわやかな味わいですね」（松田美智子さん）

DATA 長野県北佐久郡軽井沢町大字追分1205-1　☎&FAX0267-44-1848　営9時30分〜18時　休不定休　各種スモーク・サーモン（ハーブ燻製）　100g 1100円〜（※300g、500g、1フィレのブロック有り）通販／可　http://www.kunsei-moulin.shop-site.jp/

モッツァレラのみそ漬け　たむらや　群馬・前橋市

フレッシュなモッツァレラチーズをみそ漬けに。爽やかな生乳の甘みとみそのコクが凝縮された、まろやかで口当たりの良い仕上がり。「おもしろいですね」（岸朝子さん）

DATA 群馬県前橋市千代田町4-9-5　☎027-231-4077（通販専用）FAX027-231-4011　営9時30分〜19時　休水曜　モッツァレラのみそ漬け（130g）662円　通販／可　http://www.tamuraya.com/

グランフェルマージュ セル・ドゥ・メール　イー・ティ・ジェイ　東京・新富町

フランス・ノアールムーティエール産の海塩の結晶を練り込んだ風味豊かな発酵バター。独特の歯ごたえのあるキレの良い味で、ワインとの相性も抜群。「まるで生クリームのような味わい」（松田美智子さん）

DATA 東京都中央区入船3-9-2　佐久間ビル5F　☎03-3297-7621　FAX03-3297-7622　営10〜17時　休日曜　セル・ドゥ・メール（250g）1890円　通販／可　http://www.etj-gourmet.co.jp/

オレンジマーマレード　コンセール　東京・桜台

フレッシュなオレンジの香りをそのまま閉じこめた、デザート感覚のマーマレード。甘みと苦み、酸味のバランス、厚めに刻んだオレンジの皮の食感が秀逸。「酸味の加減がとても良いですね」（村上祥子さん）

DATA 東京都練馬区桜台3-35-3　☎&FAX03-3557-6525　営10時〜13時、土曜〜17時　休日曜　オレンジマーマレード（150g）600円　通販／可　http://www.orange-concert.jp/

ティーハニー　ルピシア　国内外95店舗

良質のハチミツと、ルピシアのお茶で作ったティーハニー。ダージリンや白桃のみずみずしい香りがいっぱいに広がる。「ダージリンのいい香り」（松田美智子さん）

DATA 東京都港区六本木4-2-35 アーバンスタイル六本木三河台1F（六本木店）　0120-11-0383　FAX：0120-04-0324　営24時間注文受付　休年末年始　ティーハニー ダージリン・ザ ファーストフラッシュ、白桃烏龍 極品（共に75g瓶入り）520円　通販／可　http://www.lupicia.com/

シュヴレット デュ ポワトゥ　フェルミエ　東京・愛宕

仏ポワトゥ地方ロシェルの、酸味が少なくクリーミィな、優しい味わいのシェーヴルチーズ。山羊のチーズが苦手な方にもおすすめ。「強烈さはなく、淡々としているが底力のある味」（田沼敦子さん）

DATA 東京都港区愛宕1-5-3愛宕ASビル1F　☎03-5776-7720　FAX03-5776-7723　営11〜19時（日曜祝日〜18時）　休日曜、祝日は不定休、年末年始及び夏季休業日　シュヴレット デュ ポワトゥ（1個）2363円　通販／可　http://www.fermier.fm

ソーセージ・ハムセット　メツゲライクスダ　兵庫・神戸

熟練の職人が全て手作りしている神戸の人気店。保存料を使わず作るハムやソーセージは、肉のうまみを最大限に引き出したしっとりと深みのある味わい。「塩加減が良く、美味しいですね」（松田美智子さん）

DATA 兵庫県神戸市灘区高徳町2-1-1　☎078-857-5333　営10〜19時　休水曜（祝日の場合は翌日）　シェフのおまかせギフトセット（カタログを請求／値段等各種有り）　通販／可　http://metzgerei.exblog.jp/

横市バター　横市フロマージュ舎　北海道・芦別市

芦別の牧場で育てた牛のミルクと少々の塩だけで作られた乳脂肪分が93%以上、純度の高い手造りの極上バター。雑味が無く素朴でフレッシュかつクリーミーな味。「まるで生クリームみたい」（松田美智子さん）

DATA 北海道芦別市本町1077番地　☎0124-22-2007　FAX0124-22-0869　営9〜19時　休日曜、祝日　横市バター（200g）1260円　通販／可

カチョカバロ　吉田牧場　岡山・吉備中央

チーズ好きなら知らぬ人はいない、吉田牧場の名物チーズ。熱を加えると伸びる性質があり、更にコクが増して美味。濃縮されたミルクの甘みが楽しめる。「熟成させて味わってみたいチーズ」（村上祥子さん）

DATA 岡山県加賀郡吉備中央町上田東2390-3　☎0867-34-1189　FAX0867-34-1449　休不定休　カチョカバロ 3500〜4000円　通販／可（予約待ちのため、要問い合わせ）

和食の基本をきちんと押さえた箸が止まらない逸品たち！

京都とうがらしおじゃこ かむら 京都・東山区

青唐辛子をピリリときかせた、大人の味のとうがらしおじゃこ。合成保存料を一切使わず仕上げる自然の味。「色が強すぎず、とても好み。上品な味わい」（松長絵菜さん）

DATA 京都府京都市東山区常盤町468-2 ☎＆FAX075-531-5301 営10～18時 休火曜 京都とうがらしおじゃこ（70g）735円 通販／可 http://www4.ocn.ne.jp/˜kamura/

伊賀牛しぐれ煮 土楽・福さんご 三重・伊賀市

地元特産の伊賀牛に、高知産のお多福生姜を加えて柔らかくしっとりと甘辛く炊きあげた佃煮。温めるとより風味が増す。「添加物が入っていない、すっきりした味。包装も洒落ていますね」（村上祥子さん）

DATA 三重県伊賀市丸柱1043 FAX:0595-44-1205 伊賀牛しぐれ煮（100g）1600円他、伊賀牛そぼろ（100g）1200円、ふくさんご ちりめん山椒（80g）850円 通販／代引 ※注文生産につき発送まで要3日～7日

あられ茶屋 嵯峨春秋庵 京都・嵯峨

京都「ぶぶ漬け」風のおやつ。鰹と昆布、大根おろしの隠し味をきかせたおだしに、あられと梅干しを入れていただく珍しい一品。「湯を注ぐと、たっぷりの雑煮のような味わいになります」（塩田ミチルさん）

DATA 京都府京都市右京区嵯峨釈迦堂門前裏柳町35-3 ℡0120-35-7758 FAX075-864-1018 営10～17時 休年末年始 あられ茶屋（5カップ）1575円 通販／可 http://www.shunjuan.com/

江戸前佃煮・あみ 鮒佐 東京・日本橋

独特の香ばしい風味のあるあみを、緻密な火加減と秘伝のタレで、さっぱりとした醤油味の佃煮に。温かいご飯に混ぜ、おにぎりにも。「甘みと塩味の加減がほど良いですね」（松長絵菜さん）

DATA 東京都中央区日本橋室町1-12-13 ℡0120-273-123 営10～18時 11～16時（祭日） 休日曜 江戸前佃煮・あみ（60g）399円 通販／可 http://www.ganso-tsukudani.com/

うなぎ山椒煮 山の上ホテル 東京・駿河台

天ぷらで有名な「山の上」で朝食に出される隠れ名物。上質なうなぎを、ご飯に合うよう甘辛く煮付けた深みのある味。「素材の良さが感じられる、とてもいいお味です」（村上祥子さん）

DATA 東京都千代田区神田駿河台1-1 天ぷらと和食山の上 ☎03-3293-2311 FAX03-3233-4567 営7～21時 無休 うなぎ山椒煮300g3150円、500g5250円 通販／不可 http://www.yamanoue-hotel.co.jp/

ピクルスの詰め合わせ ジャスト・ピクルス 東京・奥沢

野菜の持つ自然な色や味、食感が楽しめるように酸味を抑えてマイルドに味付けしたピクルス。添加物を一切加えない、やさしい味わい。「甘めのピクルスですね。ディルの香りがとてもgood！」（村上祥子さん）

DATA 東京都世田谷区奥沢5-41-5 ソルフィオーレ自由が丘1F ☎03-5483-8012 FAX03-5483-8013 営11～19時 休水曜 オリジナルミックスピクルズ（100g）347円など 通販／可 http://www.just-pickles.com/

白菜醤油漬 前沢産業 長野・大鹿村

甘みのある白菜を醤油味で漬け込んだ人気商品。6～12月の間は、地元大鹿村の契約農家で栽培した白菜だけを使用。ほのかなにんにくの香りが食欲をそそる。「うす塩でいいですね！」（松田美智子さん）

DATA 長野県下伊那郡大鹿村大河原3396 ☎0265-39-2519 FAX0265-39-2526 営8～17時 休土日祝日 白菜醤油漬（450g）420円（希望小売価格） 通販／可 http://www1.enekoshop.jp/shop/maezawa/

紀州五代梅の心 紀州五代梅本舗 和歌山・みなべ町

紀州五代梅の中から更に厳選。甘みと酸味のバランスが良く、大粒でふっくらした質の良い梅干し。しそが別包装になっているので、量を加減できるのも嬉しい。「甘みの活きた梅ですね」（松長絵菜さん）

DATA 和歌山県日高郡みなべ町東本庄836-1 ℡0120-12-5310（受付9～18時） FAX0739-74-2682 紀州五代梅「心」（木箱入り大粒10粒）3360円 通販／可 http://www.godaiume.co.jp/

和の酒肴部門

バラエティに富む山海の食材に加えられた巧みな技に高得点

フォアグラ巻き

マルキチ食品 北海道・函館市

フランス産のフォアグラを、函館の真昆布で巻いたぜいたくな一品。昆布とフォアグラのうまみが溶けあい、豊潤でまろやかな味わい。「あっと驚く味」(岸朝子さん)

DATA 北海道函館市宇賀浦町18-10 ☎0138-51-3316 FAX 0138-55-4084 (営)8時30分～17時 ㊡日祝日 フォアグラ巻き（1本） 2625円 通販／可

三陸海宝漬 **中村家** 岩手・釜石市

三陸で獲れる豊富な海の幸の中から、上質なあわび、いくら、若芽のめかぶ、シシャモの卵を秘伝の調味液に漬け込んだもの。バランスのとれた調和が実に見事な逸品。「ぜいたくなお味です」(松長絵菜さん)

DATA 岩手県釜石市鈴子町5番7号 ☎0193-22-0629 FAX:0193-22-6500 (営)10～22時 ㊡日曜、月曜 三陸海宝漬（大・650g）5600円（中・350g）3600円 通販／可 http://www.iwate-nakamuraya.co.jp/

たかさごのやき豚 **肉のたかさご** 東京・佃

厳選した豚肉を、60年来調合を重ねた秘伝のタレに漬け、じっくりと熟成させて焼き上げた逸品。冷めてもやわらかい美味しさに、リピーターが続出。「とても見事な出来映えでございました」(村上祥子さん)

DATA 東京都中央区佃2-21-6 ☎03-3531-4529 FAX03-3533-4529 (営)10～19時（火曜～18時30分） ㊡日祝日 たかさごのやき豚（1本）3600円 通販／可 http://www.yakibuta.jp/

いか塩辛弥三郎 **小倉屋** 鳥取・境港市

するめいかの本場、隠岐の男たちが好んで食べる絶品の辛口塩辛。とれたての新鮮ないかを塩だけで漬け込んだ、深みのあるこなれた磯の風味。「昔ながらの、本物の塩辛の味がしますね」(村上祥子さん)

DATA 鳥取県境港市中野町3258-19 ☎0859-44-5555 FAX0859-44-6666 (営)8時30分～17時 ㊡日曜、祝日 第2土曜日 いか塩辛弥三郎（120g瓶入り）680円 通販／可 http://kokura-suisan.co.jp/

このわた **森川仁右ヱ門商店** 石川・穴水町

「箸かけ作り」製法で丁寧に作られたこのわたは、他に真似のできない絶妙な仕上がり。黄金色に輝く海の至宝は、晩酌の絶好の肴。ぜひご堪能あれ。「うす塩でとても良いお味です」(松田美智子さん)

DATA 石川県鳳珠郡穴水町中居南 ☎&FAX0768-56-1013 (営)8～19時 ㊡お盆、年末年始 このわた（80g瓶入り）3675円 通販／可

慶びの梅酌 **梅翁園** 和歌山・みなべ町

種が小さく、果肉のやわらかい大粒の紀州産南高梅をじっくりシソと漬け込んだ贅沢な梅干し。一粒ずつ丁寧に包まれているので贈答品にも最適。「大粒の南高梅、とても美しいですね」(村上祥子さん)

DATA 和歌山県日高郡みなべ町山内1339 ☎0120-72-5014 FAX0120-72-5445 (営)8～17時 無休 慶びの梅酌（18粒）3600円 通販／可 http://www.baiouen.co.jp/

わかさぎ空揚げ **えびす屋** 長野・諏訪市

安政5年から続く老舗の味。わかさぎを、あっさりとした「塩味」と、甘露煮風の「甘辛味」の空揚げにしたもの。さくさくとした味が人気。「特別な味ではないのに、指がとまりません」(田沼敦子さん)

DATA 長野県諏訪市湖岸通り3-4-14 ☎0266-52-0720 FAX0266-52-0721 (営)8時40分～18時30分 ㊡水曜 わかさぎ空揚げ（塩味・甘辛味）945円（大）、630円（小） 通販／可

鬼焼蒲鉾・チーズ蒲鉾

キク嘉老舗 京都・三条

京都の職人の“匠の技”が光る、手作りの蒲鉾。表面のふくらみを防ぐため、出刃包丁の先で丹念に入れる鹿の子に似たキズの模様が「鬼焼蒲鉾」の特徴。「とっても現代的なお味ですね」(村上祥子さん)

DATA 京都府京都市東山区大和大路三条下る大黒町164 ☎075-561-1916 FAX075-561-1917 (営)8～18時 無休 鬼焼蒲鉾 1000円、チーズ蒲鉾 470円 通販／可

たこつや煮 **浪花** 兵庫・明石市

真ダコを使った寿司屋定番の肴。柔らかく炊いたたこを食べたくなったら、迷わずこれを。切り口は白いままなのに、よく染み込んだ味に驚かされる。「いついただいても、満足のいく味です」(岸朝子さん)

DATA 兵庫県明石市本町1-5-18 ☎078-917-5700 FAX078-917-1330 (営)11時～ネタ終了まで ㊡木曜 たこつや煮（150g）1260円 通販／可

 撮影／鈴木亜希子、土居麻紀子（以上、so-planning） スタイリング／伊豫理恵（so-planning） 文／佐々木香織、本吉恭子、久保彩子（so-planning）（P39～53）

これが、私の勝負手みやげです！

各界著名人が自信を持ってオススメする逸品

いただくのも、差し上げるのも、とにかく手みやげに接する機会が多いのが、芸能人、落語家など、各界で活躍する著名人だ。そんな手みやげの達人17人に「本当に効く！」勝負手みやげをこっそり教えてもらった。

朝丘雪路

女優、歌手

これを食べても太らないというのが嬉しいと、喜ばれる一品。

1951年宝塚音楽学校に入学し、宝塚歌劇団で活躍。退団後は女優、ジャズ歌手として活動し、幅広いファン層を持つ。また日本舞踊の深水流家元。その研鑚の成果が認められ、81年に文化庁芸術祭優秀賞を受賞。夫は俳優の津川雅彦さん。

私は和菓子が好きなので、差し入れに水羊羹や葛桜を持って行っていたのですが、私と同年代の皆さんは、やはり太ることを気にされていて、たくさんは食べられないとおっしゃるのね。それで、鈴木その子さんのお店の「栗あんみつ」をお贈りしたら、とても喜ばれましてね。甘いものを食べたかったけれど、ずっと我慢していたと言って。だって、これを食べても太らないというのは、嬉しいでしょう。

生前のその子先生は甘党でいらしたから、自分が食べても大丈夫なように考えられたんじゃないかしらね。他にもゼリーとかふりかけとかありますので、健康に気を付けていらっしゃる方に、いろいろとお贈りしています。ここのは、ただ太らないということだけではなくて、健康食品ですから、アレルギーなどがあって体調を気にされている方や、お子様にも安心して差し上げられますし、殿方にはね、レンジで温めるだけですぐに食べられる鮭の切り身など、調理済みのお料理も喜ばれます。これも健康に気を遣った独自の調理方法で、美味しく焼いてありますので、安心して食べられます。朝ごはんにちょっと鮭が食べたいというときなどに便利なんですよ。

亡くなられたその子さんは昔から存じ上げていましてね。それというのも、津川さんが、体重を気にしていた時期があって、ちょっと痩せたいということで、知人に紹介して頂いて、その子さんのレストランに食べに行ったら、鰻は食べられるし、ステーキは食べられる。それで太らないというので、夫婦ですっかり気に入っちゃって。それ以来のお付き合い。

普通は、自分が気に入っているからって何度も同じ物をあげるわけに行かないと思うじゃない。でも、ここのは違うものをお贈りしたら「雪路さんのあれを、待っていたのに」なんて言われたこともあるんですよ。本当に喜んでくださるので、よく贈り物に使っています。

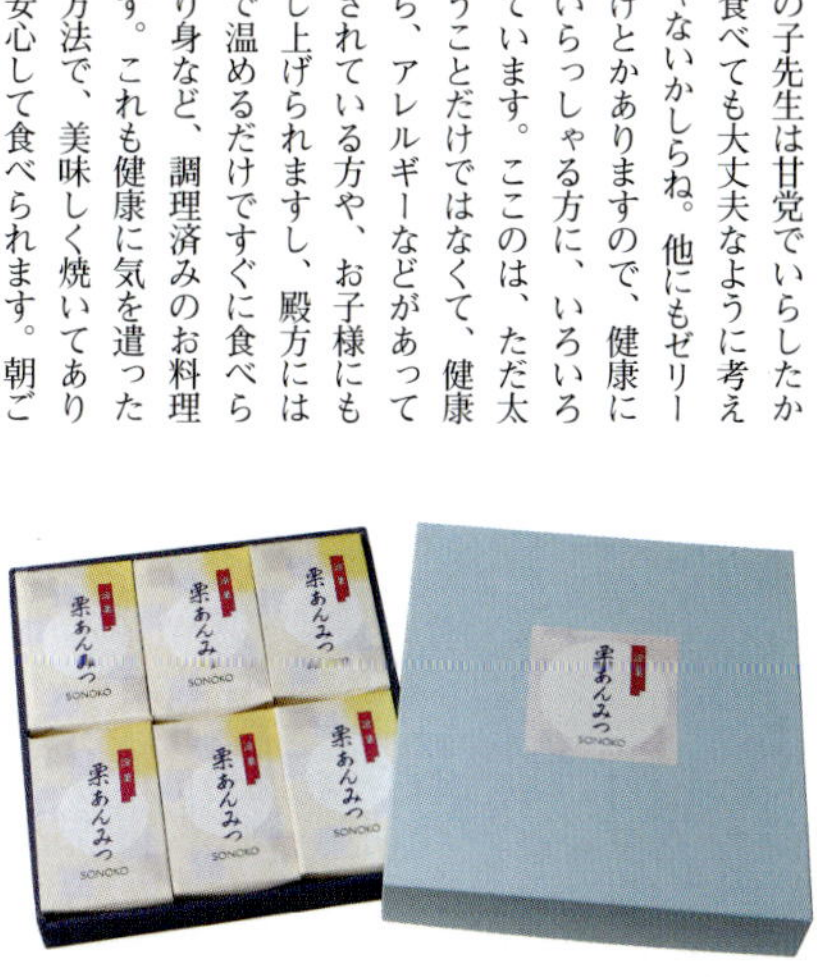

SONOKO　栗あんみつ6個セット（季節限定品）
SONOKO銀座本店・梅田店・通信販売でのお取扱い。価格等に関してはお電話にてお問い合わせ下さい。☎0120-88-7878

 撮影／村上悦子（人物）　ヘア・メイク／小出富久

藤村俊二

俳優

食べるのがもったいないと、喜ばれるかわいいクッキー。

おひょいさんの愛称で親しまれ、俳優、司会者、タレントの他に「8時だョ!全員集合」やCMの振付など多彩に活躍。最近出演した映画は「子ぎつねヘレン」「DEATH NOTE」他。

撮入（クランクイン）といって、映画やドラマの撮影が始まるときには、何かしら持って行くのがしきたりみたいになっているので、そういうときに、僕はお酒なんかも持って行くのですが、女の子たちもいるので、一緒にクッキーを持って行くんです。「カモミーユ・デリ」という小さい手作りのクッキー屋さんなんですけれどね、ケーキとかドレスとか、形や絵柄、色の違う可愛いクッキーが何種類もありましてね。それを籠に100個くらい入れてもらって持って行く。それで「皆さん、食べてください」と置くとね、「美味しい」という感想の前にね、まず「わぁ、可愛い！」っていう声があがります。女性だけじゃなく男性からも、奥様やお子さんに「これ、持って帰っていいですか?」なんて言われたりして、持って行った甲斐があります。

カモミーユ・デリ　クッキー1個157円（籠代は別）㊟〒150-0001 東京都渋谷区神宮前3-1-25コーポ外苑サイド102　☎03-3402-3455

塩田丸男

作家、評論家

幻の銘酒、越乃寒梅が自慢のてみやげです。

1924年山口県出身。読売新聞記者を経て作家・評論家。『臆病者の空』（直木賞候補作）、『天からやってきた猫』（新潮社刊）他、言葉やグルメに関するエッセイなど著書多数。

てみやげを持って行く機会として一番多いのは仲間内で集まる酒宴の場。そういうときには一升瓶を持って行くのですが、それが特別の一升瓶でね。越乃寒梅といって、石本酒造という造り酒屋の酒なんですが、幻の銘酒と言われて手に入りにくい。でも僕と石本酒造さんとはちょっとした縁があってね。40年くらい前に酒の専門雑誌で、毎回造り酒屋のご主人をゲストに招いて連句の会を行う企画があったのですが、その連載に僕は常連で、そこに石本酒造の社長（先代）も登場された。それがご縁で親しくなって以来、越乃寒梅が欲しいときには、いつも定価で譲って頂いているんですよ。これが僕の自慢のてみやげでね、若い人からも「以前から名前は知っていたけれど飲んだことがない」と喜ばれるので、得意になって持って行きます。

石本酒造　越乃寒梅・特撰（一升瓶）小売希望価格3350円　㊟〒950-0116 新潟県新潟市北山847-1　☎025-276-2028

立川志の輔

落語家

富山に美味しい菓子があると聞いて、行き当たった銘菓。

1954年富山県生まれ。83年立川談志一門に入門。89年文化庁芸術祭賞受賞、90年立川流真打昇進。93年富山県功労賞受賞。落語会のほか、テレビやラジオなど幅広く活躍する。

私が気に入っているのは、「おわら玉天」という富山県八尾の銘菓。私は富山県の出身なんですが、射水市（旧・新湊市）の出身でしてね。実家から八尾は車で50分くらい離れていて、小さい頃は八尾に行ったことがなかったのね。これを知ったのは噺家になってから。今から20年くらい前に、あるイラストレーターの先生が「君、富山だよね」と聞くから「そうです」と答えたら、「富山に卵のようなふんわりとした味わいの、美味しいお菓子があったんだよ」という話をなすった。

ということは当然、今度行ったとき買ってきてくれよ、ということだろうと思うから、探しましたよ。ついでに自分も買って食べましたら、これが、実にうまい！

上品で、とろけるような味わいがいいんですよ。以来、お遺物に富山のお菓子といえばこれですね。

おわら玉天本舗　玉天
1個95円、箱入りは10個1100円より　(住)〒939-2354　富山県富山市八尾町東町2227　☎076-454-3073

これが、私の勝負手みやげです！

假屋崎省吾

華道家

名店の香り豊かなマカロンをパクっと口に入れる幸せを贈る。

假屋崎省吾花・ブーケ教室主宰。美輪明宏氏より「美をつむぎ出す手を持つ人」と評される。
http:kariyazakimobile.jp

私がご紹介したいのは、ピエール・エルメ・パリのマカロン。10個入りと16個入りがあって、パッケージから中がちょっと見える、とても遊び心のあるデザイン。そこに、いろんな種類のマカロンが入っています。季節によってはパッションフルーツとかマロンとか、白トリュフが加わることもあるんですよ。どれも美味しいですが、まず口の中に入れるときの香りがなんともいえずステキです。そして表面はさくさくとして、中はふんわりとデリケートな食感ね。親指と人差し指でパクっと食べられる一口サイズで手や口を汚す心配がないので、楽屋への差し入れにも最適です。パリの本店にも何回か行きましたが、マカロンデーというチャリティーイベントなどもあり、そういう心配りも私がピエール・エルメ・パリを好きな理由ですね。

ピエール・エルメ・パリ 青山 マカロン1個252円～ (住)〒150-0001 東京都渋谷区神宮前5-51-8 1、2F ☎03-5485-7766

宍戸 錠

俳優

「くいしん坊、万才！」から付き合いのある水沢うどん。

20年くらい前に知り合った、大澤屋さんの水沢うどんを、よくお歳暮やお中元などに使っています。この店は先代の大河原さんが数年前に亡くなって、今は息子さんが2代目としてがんばっています。映画や撮影のときに、仕出し道具を一式用意して、豚汁などの鍋料理を作って、みんなに配るんですが、そういうときに、水沢うどんを大鍋で作ることもありますよ。長時間のロケで疲れているときには、出来たての温かいものを食べると元気が出るからね。僕は長年「くいしん坊、万才！」のレポーターをやっていたから、日本全国の美味しいものには詳しいほうじゃないかな。実は水沢うどんも、その頃に知った味のひとつなんです。味もだけれど、そういうところで人と出会って、長年付き合ってきたことも、僕には大切ですね。

株式会社大澤屋　水沢うどん　謹製半生うどん(6人前)2,800円　(住)〒377-0103 群馬県渋川市伊香保町大字水沢125-1　☎0120-304-092

日活黄金時代にはエースのジョーの異名を持ち、銀幕スターとして活躍。その後も映画、テレビ等に多数出演。「くいしん坊、万才！」のレポーターとしても馴染み深い。

石原良純

俳優、気象予報士

りんごの実を食べているような、みずみずしい味わいのジャム。

日頃お世話になっている方への贈り物には、青森県にある株式会社スターリングフーズのりんごジャムです。10年くらい前のロケ先で、青森駅前の「りんご市場」で、このジャムを見つけました。それからは、毎年、秋になると送ってもらい、春にはなくなって、季節の移り変わりをジャムで感じます。りんごをおみやげに買って帰るのも芸がないので、蓋の絵が魅力的なりんごジャムを買って帰り、食べてみたら、とても美味しかった。りんごの甘さだけであり大きめのりんごの実はそのまま、みずみずしい味わいのジャムとなっています。

「こんがりトーストにバターをつけ、ジャムをいっぱい載せるとうまいです」という手紙とともに贈りました。

贈り物には、やはり自分がもらって嬉しいものを差し上げたいと思いますね。

株式会社スターリングフーズ　ジャム1瓶630円　(住)〒036-0221 青森県平川市中佐渡南田54-2　☎0172-57-5158

慶応義塾大学在学中に映画「凶弾」で俳優デビュー。俳優、タレント活動の他、1997年に試験に合格、気象予報士としても活躍。著書『石原家の人びと』はベストセラーに。

井森美幸

女優

肉汁たっぷりの肉まん。気軽に手づかみで食べられるのも魅力です。

私が最近よくテレビ番組の収録などの差し入れに持っていくのが、「手づくり台湾肉包・鹿港」の肉まんです。

お店の近くにあるテレビスタジオに通ううちに、「行列のできているあのお店は何だろう？　一度食べてみたいな」って、気になっていたんです。ある日、ようやくタイミング良く買うことができて、食べたらこれがおいしい。

少し弾力のある皮にはほんのり甘味があって、そこにじんわり肉汁がしみ込んでいる。冷めてもおいしいので、共演者やスタッフたちにも評判の一品です。

私がテレビ局などに差し入れを選ぶときには、味はもちろんですが食べやすさにも気をつけます。忙しい撮影現場では、スプーンやフォークを使わずに気軽につまめるのがいいですから。思わず手が伸びる、そんな手みやげを選んでいます。

手づくり台湾肉包・鹿港　肉まん１個140円（売り切れ次第終了）。(住)〒154-0017 東京都世田谷区世田谷3-1-12 ☎03-5799-3031

1968年生まれ。'85年「瞳の誓い」で歌手デビュー。'89年、第26回ゴールデンアロー賞・放送新人賞受賞。現在、フジテレビ系「全国一斉！日本人テスト」ほか、多くの番組にて活躍中。

これが、私の勝負手みやげです！

枝元なほみ

料理研究家

ご近所でちょっと買ってきた、そんな手軽さが魅力です。

手みやげとして私がよく買って行くのは、浪花家総本店の鯛焼きです。もう10年近く麻布十番に住んでいるのですが、浪花家さんの鯛焼きは名物ですし、美味しいので、よく利用しています。

手みやげで持って行くときは、いつも混んでいるので、あらかじめ電話で予約して、出かけるときに寄ります。そういうのって、なんだか近所でちょっと買ってきましたという感じで、気取っていなくていいなと思います。

私は基本的に、あまり高いものよりも、気楽に食べられて、相手に気を遣わせないものを、手みやげに選ぶことが多いかな。仕事柄、期待されますので、時間があるときはケーキやアンパンを焼いたりして持って行くのですが、時間がないときは、この鯛焼きのように、差し上げたその場で、手軽に食べられるものがいいですね。

浪花家総本店　鯛焼き1個150円 (住)〒106-0045 東京都港区麻布十番1-8-14 ☎03-3583-4975

1989年まで劇団転形劇場の団員として活動後、料理研究家に。著書には『ぜんぶ＊おかずサラダ』（別冊エッセ）、『おいしいものだけパパパッ』（主婦の友社）他多数ある。

 撮影／村上悦子（人物）

内館牧子

脚本家

「一個人」世代にこそ使ってほしい、これぞ、おとなの手みやげです。

お米券を手みやげにする人はいても、お米そのものをかついで行く人なんて、普通いないでしょ。まさにサプライズで、すごく喜ばれるし、受けますよ。特にこれは1.5kgの小さな袋なので、かつぐというよりは果物と似たような重さ。それに白米ではなく、五分づきの玄米なんです。今、医師も玄米を勧めている時代ですし、五分づきなので香ばしさは残っているのに食べやすくておいしい。私の周囲では、今一番の「人気手みやげ」です。前もって「おみやげはアレにして」ってリクエストが来るほど。ただ、今のところ秋田限定販売なので、取り寄せるか、私は行ったときにまとめ買いして宅配しています。「一個人」世代の、特に男性がしゃれた紙袋に玄米を入れて持って行ったり、赤いリボンをつけて包装しないまま小脇に抱えて行ったりしても、ユーモラスでおしゃれですよ。

秋田県出身。武蔵野美術大学卒業。平成5年、第一回橋田壽賀子賞受賞。平成7年、文化庁芸術作品賞受賞。現在、横綱審議委員会委員も務め、東北大大学院で相撲史を修める。

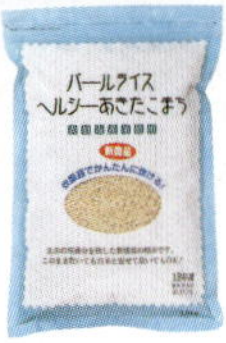

JA全農あきた　1.5kgで935円。㊟〒011-0901秋田県秋田市寺内字神屋敷295-53　☎018-845-8000

太田和彦

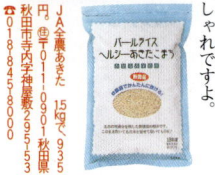

アートディレクター
作家

べたべたと甘くないこの佃煮は最も東京らしい手みやげです。

佃煮が好きで佃煮屋を見つけるとよく買ってきます。が、砂糖や水飴を大量に使ったものが多く、なかなか旨い佃煮がありません。この春、知人が手みやげに持ってきてくれた中野屋の佃煮は、べたべたと甘くなく、晩酌の友にもご飯にもよく合います。

味だけでなく、昔風の包み紙も気に入りました。仕事柄デザインに目がいくのですが、昔のデザイナーが手がけたこの包み紙にはとても風情があります。

近年地方でも手に入るものが増えたおかげで東京らしい手みやげが少なくなってきました。もともと佃煮は東京のもの。中野屋の佃煮はもっとも東京らしい手みやげではないでしょうか。この味なら自信を持って喜んでもらえると思います。今度地方に出かけるときは中野屋の佃煮を手みやげに持参するつもりです。

1946年生まれ。本業のかたわら、各地の昔ながらの居酒屋を探訪している。『完本・居酒屋大全』『精選東京の居酒屋』『居酒屋道楽』『東海道・居酒屋五十三次』など、多数。

中野屋　小海老、シラスなど5種類の佃煮が入ったセットは3,300円から。㊟〒116-0013東京都荒川区西日暮里3-2-5　☎&FAX03-3821-4055 ㊡水曜

真野響子

女優

半分食べて、残りを翌日いただく、我が家の食べ方もお伝えします。

劇団民藝を経て、映画、テレビなどで活躍。2004年、日本サッカーミュージアム・アドバイザリーボードに就任。現神戸市森林植物園名誉園長、神戸大使、金沢大学非常勤講師。

家で食べるものも含め、作り主がわかっているものを贈り物に選ぶことにしています。美濃吉は先々代の頃から知っていましたが、うなぎ姿ずしは知りませんでした。5年程前友人に貰って以来、家で食べたり、手みやげに選ぶようになりました。白焼きにした鰻を甘辛く煮込んだものを棒寿司にしてあるので柔らかく、しかも適度に水分を飛ばしてあるのでとてもおいしくいただけます。

食事制限のない入院中の友人に持っていくこともあります。切ってあるのでそのまま食べられるため、小腹がすいたときに食べてもらえるし、栄養もあるので喜ばれています。

いつも半分だけ食べて、残りは翌日いただくことにしています。寿司はなれてきた頃がおいしいので、手みやげに持っていく際も私流の食べ方をお伝えします。

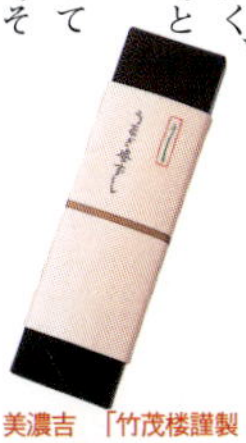

美濃吉 「竹茂楼謹製うなぎ姿ずし」1本入り3,500円（賞味期限2日）。㊟〒605-0033 京都府京都市左京区栗田口三条広道上ル ☎075-771-4185 お取り寄せは http://www.minokichi.co.jp/shop

これが、私の勝負手みやげです！

鹿島茂

大学教授

栗がごろごろ入ったこの栗羊羹はご年輩の女性に感謝されます。

1949年神奈川生まれ。東京大学大学院人文科学研究科仏語仏文学専攻。明治大学国際日本学部教授。『平成ジャングル探検』『オン・セックス』『ドーダの近代史』など著書多数。

赤坂雪華堂を知ったのは、一昨年の11月頃だったと思います。たまたまこの店の前を通り、栗羊羹を買って帰りました。家で食べたら旨かったので、それ以来のファンです。ここの栗羊羹は他所と違い、栗が丸ごと入っています。しかも栗々しいと言えるぐらい、栗がごろごろ入っているような印象を受けます。羊羹も粒羊羹とまではいきませんが、完全にこしていないところがいい感じです。

ご年輩のお宅に伺う時、この栗羊羹を数本包んでもらったり、どら焼と組み合わせてもらいます。家によってはご主人に酒を持っていくと、奥さんに厭がられるお宅もあります。ご主人に酒を選んだときは「これは奥様に」と言って、陰でこっそりと奥さんに赤坂雪華堂の栗羊羹を渡すようにしています。すると不思議と自分に対する評価が高くなる（笑）。

雪華堂 栗羊羹「いさよい」は1本2,940円。㊟〒107-0052 東京都港区赤坂3-10-6 ☎03-3585-6933

竹内都子

タレント

ピュアな素材の味で、パーティーの座を盛り上げてくれる一品です。

1964年、大阪府生まれ。86年、清水よしこと漫才コンビ「ピンクの電話」を結成。明るく親しみやすいキャラクターで、バラエティ番組やドラマ、CMで活躍中。料理大好きのグルメ。

私が手みやげを選ぶときのポイントは、「インパクトがあること」です。食べた人が「おや、これは」と思う。そして話のネタになって座が盛り上がるもの。そんなことを考えながら選んでいます。

このサバエ・シティーホテルのプリン&ゼリーもそんな一品。昨年の4月に出版して、ご好評をいただいている『みやちゃんの一度は食べたい極うまお取り寄せ2』でもご紹介しているのですが、これまでに手みやげにしてきて、老若男女問わず満足してもらえた味です。

料理に自信のあるホテルのお菓子だけに、素材も厳選されています。桜のパンナコッタや白胡麻のブラマンジェ、マンゴーの王様プリンなど、どの味もみんな食べてみたくなるから、お友達同士一口ずつ交換しあえば、パーティーが一層楽しくなること請け合いです。

サバエ・シティーホテル　白胡麻400円、マンゴー550円、桜580円（季節限定）。住〒916-0027 福井県鯖江市桜町3-3-3　☎0778-53-1122

飛田和緒

料理家

自分が食べて美味しいと感じる地元の味を手みやげに選びます。

1964年、東京生まれ。料理家として、活躍する。主な著書には、『四季の食卓』『ふたりのお弁当』（幻冬舎）、『飛田和緒さんちのごはん帳』（主婦と生活社）など多数ある。

葉山には、地元で取れる美味しいものがたくさんありますので、友人のところへ遊びに行くときや親しい仕事場への差し入れには、生活の場にある美味しいものを持って行くようにしています。タントテンポのレモンスクエアケーキは、やはり地元にあるお店のもので、ちょっとした手みやげによく持って行きます。手作りならではの素朴なお菓子なんですが、美味しいし、お値段も手頃なので、気軽に持って行くことが出来ますね。

手みやげには、自分が食べてみて美味しいと感じるものだけを持って行きます。忙しくて、なにも用意できなかったときは、正直に「手ぶらでごめんなさい」。以前、食べたことのない物を買って行って、失敗したので、それ以来、自分で食べた信用できるものだけを持って行くよう気を付けています。

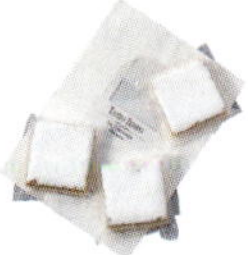

タントテンポ　レモンスクエアケーキは1個150円。住〒240-0112 神奈川県三浦郡葉山町堀内744-7ラ・ポール葉山1F　☎046-801-3620

田辺聖子　作家

お酒にもご飯にもぴったりなので どなたにも喜んでいただけます。

大阪ではいろいろなお店の塩昆布が売られていますが、神宗の製品は他所とは少し異なります。北海道産の天然真昆布のおいしい部分だけをふっくらと炊きしめてあり、しかも大きく厚めに切ってあるのでとても存在感があります。

以前どなたかにいただき、自分の嗜好にあっているなあと感心させられて以来、自宅でも愛用しているし、手みやげに持っていくことにしています。

神宗の塩昆布はお酒のアテに申し分がなく、またお酒を飲まない人はお茶漬にして食べてもおいしいです。私もお酒のあとに炊き立てのご飯と一緒にいただきます。白いご飯にのせた塩昆布は、黒々としていて美しいだけでなく、食べごたえも充分あります。

お酒の好きな方にも下戸の方にも、神宗の塩昆布は手みやげに最適です。

神宗　昆布を醤油などで炊いた「塩昆布」は155gの2個入り2,730円。(住)〒541-0043 大阪府大阪市中央区高麗橋3-4-10 ☎0120-61-2308

大阪生まれ。『感傷旅行』で芥川賞、『ひねくれ一茶』で菊池寛賞を受賞。2000年には文化功労賞受賞。近著に『残花亭日暦』、『葉の恋』、『ひよこのひとりごと』などがある。

これが、私の**勝負手みやげ**です！

弘兼憲史　漫画家

可愛らしいハートのマーク付きのエチケットが女性を惹きつけます。

お世話になっている方に贈り物を選ぶのは難しいものですが、僕はワインを持っていくようにしています。ワインは手みやげサイズでありながら、1万円以内で買えるものから50万円以上するワインもあり、選択の余地は無限大にあります。

なかでも女性の誕生日や結婚祝に行くときはシャトー・カロン・セギュールの赤を選ぶといいのではないでしょうか。エチケットにハートのマークが付いているので、自分の気持ちが素直に伝わるし、デザインが可愛らしいので喜ばれます。

ワインはヴィンテージによって値段が異なるので、贈る方との関係、お世話になっている度合いで選ぶといいでしょう。ただし、ワインがわからない人にはワインを贈るべきではありません。わかっている人でないと、値段を変えて選んだ意味がないと僕は思います。

エノテカ広尾本店「CH.CALON SEGUR」2005年1万2600円。(住)〒106-0047 東京都港区南麻布5-14-15 1F ☎03-3280-3634

1947年山口生まれ。76年に漫画家デビュー。小学館漫画賞、講談社漫画賞を受賞。代表作は『課長　島耕作』など多数。『知識ゼロからのワイン入門』などの著書もある。

取材・文／伊藤左知子、中島茂信、白石素子　撮影／泉健太　スタイリング／伊藤由美子

有名料理人が料理している肉類・魚介類を教えます

産地直送！全国各地から究極の食材をお届け！

いい料理作りは、まずはいい食材の調達からはじまります。天然記念物指定された牛から、生産者が丹誠込めた原種豚に地鶏、そして自然の恵みがたっぷりと詰まった魚介類まで、有名料理人たちが推薦する、味に折り紙付きの逸品を紹介します。

取材・文／深井美佐和、小川真理子、塚本尚紀、山﨑真由子、並木伸子、三宅真由美
撮影／片山貴博、小林庸浩、江本秀幸、佐藤直也、おおたにひろき
写真／釜石市経済部商業観光課、藤枝宏（心象舎）、各生産者
フードスタイリング／中山暢子

牛肉 beef

オテル・ドゥ・ミクニ　三國清三さんのオススメ

北海道・白老 阿部牛肉加工の あべ牛

自然の効力を使った飼育法と真摯な姿勢が生み出す霜降り

〝立入禁止〟の看板が道路脇に合わせて8枚。ようやく牛舎に辿り着く。黒光りした、だからその名がある黒毛和牛が、一斉に顔をのぞかせる。ところが、牛を飼育する牧場特有の臭いがしない。

「汚れた布団で寝たいか、とよく言うんですよ。敷藁はこまめにチェックして、取り換える。糞尿の処理も怠りなく。動物を育てているんだが、作っているのは食品。そう考えれば当たり前のことなんです。立入禁止の看板？　人間が一番危ないですからね。なにがって、靴の底に雑菌を付けて運んで来るんですよ」

北海道・白老町。昭和20年代後半から肉牛生産が始まり、白老牛は今や高級和牛の一隅を担う。その中でも突出したブランドとして耳目を集めているのが「あべ牛」。生みの親である阿部牛肉加工(株)の阿部正春社長は快活に笑う。牛舎があるブリーティング・白老牧場は、革靴でも支障なく歩き回れるほど清潔だ。

だが、それだけで松阪、但馬の一流和牛と肩を並べる品質の霜降り肉はできない。そこには、阿部社長独自の飼育法、そして食肉生産への真摯な姿勢がある。

「生き物の飼育、特にその肉を食べる場合、薬品を使うのは絶対に良くない。お腹を壊せば薬草、食欲不振には木の皮を粉末にしたものを。野生動物が、おそらく栄養補給や消化促進のために舐めている土も与え、自然の効力を使って体調管理を図っているんです」

実家も〝牛飼い〟。けれども、16人兄弟の15番目だった阿部社長、食うや食わずの暮らしぶりだった。腹を空かせた時、いつも助けてくれたのが、白老に居住地を持つアイヌのおばあさんだという。薬草の使い方、魚を獲り、ハエを殺すための毒草の処理。そこで教わったことと、自然と共にあるアイヌの人たちの知恵を、和牛の飼育に活かしている。

「餌も穀物の産地まで指定し、特注したものを与えていますが、それ以前に大切なのが水です。生き物はすべて水によって健康が保たれる。命の元、なんです」

塩素消毒の水道水は論外。沢水は豊富だがキツネの病気エキノコックスが怖い。そこで、ボーリングして地下水を引いた。牛のために、である。冬場は近くから引いた温泉を飲ませる。柔らかな肉のメス牛のみを厳選した400頭の黒毛和牛はこれ以外の水を一切口にしない。

「白老は軍馬の生産地でした。足腰を鍛える放牧の習慣があり、これが牛にも応用され、たくさんの肉を付けられる丈夫な牛が育つ。共に勉強しながら、北海道の和牛生産を盛り立てていきたいと、最近はそんなことを考えています」

今日「あべ牛」があるのは、支えてくれた人たちのお陰。その恩返しをしたいと74歳の〝牛飼い〟は表情を引き締める。真っすぐな思いが上等な肉質の源だ。

牧場内にはヤマメやサケも遡上する清冽な小川が流れる。飲用にこそ使わないものの、自然の姿を残す環境も牛の健康の源だ。

「人生には三つの坂がある」と阿部社長。上り坂、下り坂、もう一つが“まさか”。企業経営には細心の危機管理が必要との戒めだ。

アイヌの飼育法がつくるA5等級の極上牛肉

出会いは2003年に、ミクニサッポロがオープンした頃です。知人の紹介で白老町の阿部牧場に行くと、『70年間お待ちしておりました』と直立不動の阿部社長が出迎えてくれました。一歩足を踏み込んで目を見張りました。掃除が行き届いて牛舎臭くない。『雌だけですか？』と尋ねると『はい』。『まさか3歳の、しかも処女牛だけ？』と聞くと『そのとおりです』。ますます驚き、興味を持ちました。3歳の雌の処女牛だけを育てるなんて商売性ゼロ。しかも阿部さんはアイヌから教わった飼育方法を頑なに守り続けているので、周囲からは一風変わった人と思われていたかもしれませんが、今や白老の象徴的存在です。あべ牛と命名したのは僕。真っ白な脂身は、まさに聖地で極上味。牛を食べ尽くした果てに行き着く肉です。さしが入っていないのに柔らかく味に深みがあり、シンプルに食べるのが一番。

三國清三
日本におけるフレンチの第一人者。'85年にオテル・ドゥ・ミクニを開店。07年厚生労働省より卓越した技能者「現代の名工」として表彰される。

オテル・ドゥ・ミクニ
東京都新宿区若葉1-18
☎03-3351-3810　㊔12時～14時30分（L・O）、18時～21時30分（L・O）㊡日曜夜・月曜　昼8500円～、夜2万円。アラカルト約20種類。
http://www.oui-mikuni.co.jp

牧場の土地は阿部社長が自身の手で開墾。約6万坪という広大な地所に建つ牛舎も、若い頃に大工の修業をしていた社長の手づくり。

餌は独自の配合飼料を使用。ロットごとにサンプルを保管し、トレース管理につとめている。

ひづめが伸びすぎると、体のバランスが崩れ、健康に悪影響を及ぼす。常にチェックし、必要に応じて“爪切り”をする。

毛艶、鼻の渇き具合、餌への食いつき状態などにより、一頭一頭の健康状態に常に神経を向ける。32〜33カ月で出荷となる。

「肉牛づくりは食品づくり」という意識のもと、牛舎は徹底して清潔さを保つ。堆肥は完熟させたうえで牧草地に。循環型畜産を実践。

あべ牛肩ロースすき焼き用肉。さしが美しく入り、口に入れると溶けるような柔らかさ。

(社)日本食肉格付協会による格付けでは常時、トップクラスの品質。名だたる料理人と食通をうならせる「あべ牛」の霜降り。

お取り寄せ先

阿部牛肉加工株式会社
☎0144-83-2941 FAX 0144-83-2983
〒059-0906
北海道白老郡白老町本町3丁目447番5

(社)日本食肉格付協会による格付けで、常にトップクラスの等級が付く「あべ牛」。その肉質は柔らかいのはもちろんのこと、脂身も濃厚でありながらクセがなく、さらりと舌になじむ。あべ牛サーロインステーキ　約170g×2枚…16000円、あべ牛カタロースすき焼き用　約400g…10000円、白老ハンバーグ（合挽）セット　100g×9枚…4800円

◆別途、送料 代引き手数料がかかります。

牛肉 beef

ラ・ロシェル　坂井宏行さんのオススメ

山口・見島の 見島牛

見島牛の1匹の重さは約600kg。可食部が180kgぐらい。ロースやヒレ肉となると、さらにそのうちの20%程度だという。

「見島牛は全身霜降り。さしは甘みがあってあっさり味。ほかの銘柄牛にない味わい深さがあります」

と語るのは、地元で見島牛を販売する、ミドリヤファームの藤井治雄常務だ。

見島は、山口県萩市の北北西の海上に浮かぶ小さな島。クロマグロの水揚げでも知られている。見島牛はこの孤島に生息している。もとは農耕牛で、厳しい環境の中、粗末な飼料で育ってきたため、筋肉の中にエネルギー（脂肪＝霜降り）をためこむ体質になったといわれる。純粋和種として遺伝子が保存されている国内唯一の牛で、飼養地が天然記念物に指定されている。

「もともと和牛は霜降りになる体質があります。見島牛はそのルーツ。人工的に作りあげた霜降りではなく、自然が作り出したほんものの霜降りなのです」（藤井さん）

見島牛は、一時期30頭まで激減したが、見島牛保存会が昭和42年に発足し、増頭に努めている。保存会会長の多田一馬さんは語る。

「今は島全体で80頭。年間40頭弱ぐらい子牛が生まれ、保存用にメス牛と数頭の種牛となる雄を残して、あとは食用に出荷しています」

産地指定の天然記念物のため、見島を出ると食用にできる。

ただし、食用に回るのは多くても年間10頭程度。〝幻の牛肉〟といわれる所以である。

見島では現在８戸の農家で飼養されている。自然環境の中での放牧が中心で、配合飼料のほか、乾燥した牧草、野生の草をはんで育つ。

手前がサーロインステーキで奥はヒレ。「焼いて、塩・こしょうだけで食べると、肉のうまさが一番わかります」（藤井さん）。

見島牛サーロインステーキ　価格は問い合わせ。販売は見島牛が入荷した時のみ。購入希望者多数の場合は抽選。「見島牛」を父親に、乳牛の女王オランダ原産の「ホルスタイン」の母親を交配させた「見蘭牛」は、サーロインステーキ４枚で1万4500円（送料込）。購入は会員制WEBサイトZEN風土から（入会無料）。

お取り寄せ先

～食の楽しみと感動をお届けします～

ZEN風土　☎03-5575-0937

http://www.zen-food.com

〒107-0052 東京都港区

赤坂8丁目12番20号　和晃ビル2F

希少な天然記念物の牛肉で和牛本来の味を知る

和牛の元祖ともいえる見島牛に出会ったのは「料理の鉄人」に出演していたとき。きれいにサシが入っていて、脂身は軽い甘味があって、純粋な和牛の味がします。それ以来すっかり気に入って、いつでも使いたいのですが、天然記念物のため、入手困難なのが残念（笑）。お店で出すときは、サーロインをシンプルにグリエにします。それが、見島牛の味を堪能できる一番の調理法だと思います。

自宅で調理する時は、よく熱したフライパンで直火焼きするのがおすすめ。見島牛からたっぷり脂がでるので、油を引く必要はありません。

坂井宏行

'42年鹿児島生まれ。'80年ラ・ロシェル開店。TV番組『料理の鉄人』で一躍有名に。'05年フランスより農事功労賞シュバリエ受勲。

ラ・ロシェル

東京都渋谷区渋谷2-15-1 渋谷クロスタワー32F　☎03-3400-8220　㊋12時～14時（L・O）、18時～20時30分（L・O）㊡月曜（祝日の場合は営業、翌日休）　昼3465円～、夜8925円～。

バッポ・アンジェロ
メチェナーテ
アンジェロ・コッツォリーノさんオススメ

山梨・甲斐 小林牧場の 甲州ワインビーフ

日本屈指のワインの産地、山梨県。この地で、甲州ワインを作った後のぶどうの皮や種を主な飼料として育てた食用牛が「甲州ワインビーフ」だ。生みの親は甲斐市北部で牧場を営む小林輝男さん。飼料にワイン粕を使うようになったいきさつを聞いた。

「手軽な価格でもっとご家庭で牛肉を食べてほしいと、飼料費用を抑えるために地域の廃棄物、ぶどう粕を使い始めたのがきっかけ。ところが、不思議なことに、ぶどう粕を食べさせた牛の肉は、肉独自のいやな匂いがしない。しかも、牛舎の糞尿の匂いもあまりしなくなり、必ず使っていた脱臭剤を使わなくなったほどです」

この牛肉を食べたお客さんからも『匂いがなく、特に赤身に甘みがあって美味しい』と評判になった。以来、「脂身のおいしいのは当たり前。赤身の美味しさをもっと追求したい」と研究を重ね、平成3年から「ワインビーフ」として本格的に生産を開始。現在1350頭の牛を飼育している。

気になるワインとの相性を聞いてみた。

「ぶどうの皮や種を食べて育った牛ですから、やはり果汁から作ったワインとは相性がいい。山梨のワインにはもちろん、赤でも白でも、お好みのワインと合わせるといいと思います」(小林さん)

遺伝子組み換え飼料は使用せずに肥育し、害虫は天敵の寄生蜂で退治。雑草はヤギや羊が処理しているため農薬なども使用していない。

赤身の味を左右するのは、赤身ができる生後6ヶ月から17カ月にかけてのエサ。ブドウ粕、オカラなどの粕類と穀類を混ぜた混合飼料を与えている。この餌を食べた牛の糞尿は堆肥としてブドウ農家などの有機栽培農家に供給。環境に配慮した、循環農業を実践している。

お取り寄せ先

小林牧場直売センター美郷

☎055-267-3113
http://www.winebeef.co.jp/winebeef/mikyo-1.html
〒400-0123 山梨県甲斐市島上条3077
FAX055-267-3114

サーロインステーキ100g780円（6月現在、送料別）。写真は1枚約200g。好みに応じて厚さや重さは調整OK。生産直売なのでフィレ、ロース、タンなど、牛のどの部位でも購入可能。ギフトセットや新商品の甲州ワインビーフシチューやカレーなどの加工品もある。価格もリーズナブル。問い合わせはメールmikyo@winebeef.co.jpでも受付けている。

カルパッチョに欠かせない 豊かで奥深い味わい

ワインの搾りかすは、ものすごくいい匂い。兵役でイタリア北部のアスコリピチェーノにいた頃、兵舎の隣がワイン工場で、搾る時期になるといい匂いがしてくるんです。妻の友人にワインビーフを紹介されたとき、当時のことを思い出しました。搾り終えた皮や種にはビタミン、ポリフェノールがいっぱい。それを乾燥させて飼料に混ぜて牛に与えたらおいしい肉になるに決まっています。僕はこういうことを考える人が大好き。甘味があり、かみ締めておいしい。臭みがなく色がきれい。トスカーナ系、北のサンジョベーゼやネッビオーロとあわせるといいです。

アンジェロ・コッツォリーノ

伊カラブリア州生まれフィレンツェ育ち。20歳で来日して早18年。バッポ・アンジェロに続きメチェナーテを今年2月にオープン。

リストランテ・メチェナーテ

東京都目黒区自由が丘1-24-6　☎03-3718-8878
㊖12時〜14時（L・O）、18時〜21時30分（L・O）　㊡火曜　昼夜ともにコースのみで2940円（昼のみ）、5985円、8190円、1万500円（夜のみ）。

豚肉 pork

オーグドゥジュール ヌーヴェルエール 岡部一己さんのオススメ

長野・飯田 岡本養豚の 千代幻豚

岡本養豚までの道中にある「よこね田んぼ」は、日本の棚田百選」に指定されている。月型の小さな田んぼが可愛いらしい。

豚肉の甘みを味わうにはしゃぶしゃぶが一番

白金豚に、イベリコ豚、今帰仁あぐーに東京X……と、次々名前が挙がるほど、今やブランド豚が大ブーム。銘柄数はなんと200以上！　だが、ブームのはるか以前から大切に育てられてきた豚がいる。それが長野県飯田市の岡本養豚場の岡本陸身さんによる「千代幻豚《ちよげんとん》」である。

現在、日本で飼育されている豚のほとんどはランドレス種、大ヨークシャー種、デュロック種などの大型種だが、岡本さんは、日本で最初に飼われていた中ヨークシャー種にこだわり続け、もう35年。この中ヨークシャー種、かつては養豚の主流であったのだが、昭和30年代半ばころから、生産性のいい大型種に取って代わられ、現在ではまったく稀な存在。だが、中ヨークシャー種の持つ、濃厚な肉の旨みに魅せられ、長きにわたり改良に改良を重ね誕生したのが、岡本さんの「千代幻豚」なのだ。

「おいしさは、どの豚にも負けません。とくにバラ肉。しゃぶしゃぶで召し上がっていただけば、脂の香ばしさが広がっていくことがおわかりいただけると思います」（岡本養豚・岡本陸身さん）

さっそくバラ肉とモモ肉をご馳走になった。「豚の旨さは脂身にあり」とはいうが、こんなに繊細とは！　しかも、繊維がきめ細かいため身がやわらかい。

「きめ細かいのは中ヨークシャー種の特徴です。煮込んでも固くならない。冷凍しても肉質があまり変わりません。ご家庭でも調理しやすいですよ」（岡本さん）

いい肉質は、品種もさることながら、飼料が重要となる。岡本さんの飼料へのこだわりは養豚業界随一といっても過言ではない。抗生物質、成長ホルモン、発育促進剤を一切使わず、たいていの豚は6カ月で出荷されるのに対し、千代幻豚は7カ月強、じっくり育てられているのだ。

「薬を使えば一頭でも多く育ちますが、それでは私たちのポリシーに反します。飼育期間が長いほど、苦労も多いのですが、どなたも安心して召し上がっていただけるように、そして、私たち、その次の代までもが自信を持って養豚を続けられるように、父と一緒に、千代幻豚を育てているんですよ」（岡本さんの娘で代表を勤める串原佳世さん）

との言葉どおり、生後間もない子豚から出荷までの飼料をはじめ、真摯な努力がたくさんあるそうだ。

こんなに安全でおいしい豚なら、もっと増やしては？　と思うのだが、それがなかなか簡単ではない。前述のとおり薬を使わないので、格段に手がかかること。そしてもうひとつ、ここ千代地区は傾斜地であるがゆえに、平坦な地と比べると、作業がスムーズにはいかないのである。

「満足のいく豚を育てるのには時間がかかる。納得できないものは育てても仕方がない」（岡本さん）

岡本さん一家の真面目な人柄に育てられた千代幻豚。旨くないワケがない！

甘みの強い脂身が口の中でスーッと溶けていく

最近、イベリコ豚のように〝脂身のうまい豚肉〟がブームです。でも、自宅で食べるにはちょっと高すぎる（笑）。知人から教えてもらったこの〝千代幻豚〟は、値段もほどほどですし、なんといっても脂がうまい！　甘味が強い脂身ですが、臭みやクドさが一切なく、口の中に入れると脂がスーっと溶けていきます。薄くスライスした千代幻豚をしゃぶしゃぶにして食べるのが、今の僕のお気に入りの食べ方。肉自身に甘味があるので余分な味付けは必要ないです。そのほうが豚肉本来のおいしさが味わえます。

また、〝千代幻豚〟は煮込んでも固くならないのが大きな特徴。湯通しした肉を一度冷やしてから、ドレッシングをかけて食べる。そんな食べ方もおすすめです。ぜひ、試してみて下さい。

岡部一己
1970年京都生まれ。オーグドゥジュールオーナー兼ギャルソン。今年4月、新丸ビルにオーグドゥジュール　ヌーヴェルエールを開店。

ヌーヴェルエール
東京都千代田区丸の内1-5-1 新丸の内ビルディング5F　☎03-5224-8070　㊋11時～13時30分（L・O）、18時～21時30分（L・O）無休　コース昼3500円～、夜7000円～。アラカルトあり。

日当たりがよく、のんびりとした場には、種付け前の雌がいた。
脚腰の強化やストレスがたまらないよう運動させているのだとか。

傾斜地に立つ岡本養豚。「平地なら簡単な作業も、ここは難しくて。でもそれが当たり前だから苦労とは思わない」（岡本陸身さん）。

母屋のすぐ隣には、中ヨークシャー種の原種が。岡本陸身さんが近づくと、人なつっこく鳴き、顔を寄せてくるのだ。

堆肥は資源となり有効活用される。が、「し尿はどうにもならない。処理を考えると、頭数を増やせないな」（岡本陸身さん）。

こちらは生後30kgまでのエサ。さらさらと白っぽく、岡本さんのところでは「ミルク」と呼んでいた。

成長の段階ごとに、エサは変わる。こちらは出荷前の2カ月半ほどに与えるもので、トウモロコシなど穀類が多く含まれている。

まもなく出荷を待つ千代幻豚。お昼寝タイムであったが、岡本陸身さんが豚舎に入ると、みな目を覚ましてきたのが印象的だった。

脂身にも旨さが凝縮されているロース肉。遠火もいいが、「フライパンでじっくり焼いてもおいしいですよ」（串原佳世さん）。

千代幻豚の旨さを実感するなら、まずはバラ肉を。しゃぶしゃぶがイチ押しだが、アスパラなどを巻いて焼いても旨い。

お取り寄せ先

千代幻豚生産農場 岡本養豚

☎0265-59-2303　発注専用FAX0265-26-6301
〒399-2222長野県飯田市千代1645
http://www.i-chubu.ne.jp/~cygenton/
Eメール　cygenton@mis.janis.or.jp

生産頭数が限られているため、いつでも手に入れることができるとは限らないことを念頭においておきたい。バラ肉100ｇ260円前後、ロース肉100ｇ380円〜400円。他の部位については応相談で。また、おいしくいただくためのレシピも豊富。バラ肉のしゃぶしゃぶには、ポン酢に、たっぷりの“おろし玉ねぎ”を入れると、さらにおいしさが増す。東京では、さくらコマース車返店、グルメ・ナカムラ（渋谷区幡ヶ谷）で購入できるが、やはり頭数に限りがあるので事前に入荷予定を確認しておきたい。

鶏肉 chicken

分とく山　野﨑洋光さんのオススメ

福島・会津の 会津地鶏

本来の鶏肉らしく もも肉は赤く、ささ身はピンク色

紅色のとさかに黒と白の美しい羽装。そのぴんと長い尾羽は、１５７０年代から続く伝統行事「会津彼岸獅子」の頭飾りに使われていることから、会津地鶏は４００年以上も前から会津地方に棲息していたと見られる。一説には、平家の落人が愛玩用に連れて来たのが始まりとも。

しかし、産卵数が非常に少ないため、いつしか絶滅の運命をたどった。

「ところが、昭和62年、家禽の飼育指導で巡回の際に、原種が発見されたのです。以来、福島県養鶏試験場で原種を保存するとともに、大型化の品種改良に成功しました。本格的な飼育、生産が始まって10年足らずの〝新顔〟ですが、その味に惚れ込んだ生産者が増えています」(猪苗代町振興公社・小野秀男さん)

今年から自社鶏舎で生産から加工まで行っている会津地鶏みしまやの小平和広さんに話を聞いた。

「できるだけ自然に近い環境で育てようと、ここでは広い鶏舎を雄雌が混ざって自由に動き回り、自然のリズムで眠っては起きている。静かな山の中で、のびのび育つので、肉がしなやかで歯応えがあるんです」

飼料も特注で、約5種類の雑穀を独自に配合したもの。さらに地元の漬物工場から出る野菜くずを、わざわざ乳酸発酵させて与えているのがミソだ。人間でいえば、流行の雑穀米に発酵食品のヨーグルトを食べているようなもので、鶏はすこぶる健康。代謝がよいのだろう、鶏肉につきものの臭みが薄いという。

産業廃棄物を出さないリサイクル飼育法に取り組むなど、環境への配慮も深い。1棟につき約1000羽の鶏が飼育されている鶏舎。夏場はシートを開け、外の運動場で放し飼いも。

もちろん、最近、問題の鶏インフルエンザに対しても、ワクチンの投与や県の定期検査で万全の対策をとっている。

「飼育日数は約１２０日で、ブロイラーの約2倍の日数をかけている。雌ならちょうど初めて卵を孕む頃で、最も味がのる時期。それ以上経つと肉が締まって固くなりますからね」(小平さん)

また、その素晴らしさをこう語る。

「とにかく、鶏をさばいたときに脂肪や内臓のいやな臭いがしない。肉を焼いて煙が洋服にしみついても、気にならない。これには驚きますよ。それに、ブロイラーはどの部位も同じような色をして特徴を失っていますが、会津地鶏のもも肉は赤味が濃く、ささ身はピンク色と、本来の鶏肉らしい色と味があるんです」

会津地鶏が市場に出回った当初は、地元の人さえ「値段が高い」といって手を出さなかったが、今では、おいしさを知った地元の子どもたちが「地鶏が食べたい」と親にリクエストするとか。

〝最後のブランド鶏〟と呼ばれる会津地鶏。今年度からは会津養鶏協会の会員で作った株式会社会津地鶏ネットにより、会津若松市を中心とした大規模飼育が予定され、大躍進が期待されている。

シンプルな調理法が引き出す 滋味あふれるおいしさ

おいしいものってどういうものかと考えると、私は飽きのこないものだと思うのです。鶏肉で言えば、肉質に入っているしみじみとしたおいしさ。かむほどに味わい深くなる……。それが旨みです。添加したアミノ酸の旨みとは全く違ったものなんですね。先人たちが体感してきたことを大切に思い、そう食べたいと考えると、行き着くのは、真っ当に育てられた真っ当なもの、となるわけです。会津地鶏は比内地鶏に比べて後発で、私が知ったのも2年ほど前。ほどほどに脂肪もありますが、それは必要に応じて外せばいいこと。さっぱりとしていながらも味わい深いと店でも評判です。

家庭でもシンプルな組み合わせで食べるのが一番です。しらたき、ごぼう、ねぎ、昆布、ひたひたの水とその15分の1の薄口しょうゆで炊いて食べるのがおすすめですね。

野﨑洋光
分とく山を始め5店舗を総料理長として統括。近著に『「分とく山」のかくし味』(世界文化社)や『お弁当の方程式』(小学館)がある。

分とく山
東京都港区南麻布5-1-5
☎03-5789-3838　㋖17時～20時30分(L・O)　㊡日曜　コースのみで1万5000円より。雑誌やメディアを通して「日本料理は難しくない」と言い続ける料理長は食育にも力を注ぐ。

日が昇れば起き、好きなときに好きなだけ食べ、日が沈めば眠る自由な環境。ストレスがないから、肉質もよくなるという。

頭の装飾に会津地鶏の羽根が使われた「会津彼岸獅子」。約400年前、疫病の平癒祈願から始まった、会津に春を告げる伝統行事だ。

奥会津の山々と只見川の自然に恵まれた会津三島町。桐の産地として有名で、川にかかる鉄橋は鉄道やSLの撮影スポットとして人気。

飼料はとうもろこしや大麦など、約5種類の雑穀を独自に配合したもの。市販の飼料にありがちな鶏骨粉などの加工品は排除している。

（上）会津地鶏の雄（小さいのは雌）。黒と白の羽装は、よく見ると灰色、茶色、青色とさまざまな色を持ち、まるで日本画を見るように美しい。（下）雌の羽装は茶色と白の濃淡。雄と雌のどちらもおとなしく、飼育しやすいという。

会津地鶏みしまやでは、肉の味と質を保つチルドパックで発送。まずはシンプルに焼いたり、鍋ものにしたりするのがおすすめとか。

会津地鶏の卵は卵黄が大きく、味にコクがある。取り寄せ先は会津地鶏の里 ☎0241-27-2847。FAX0241-27-8783　50個から宅配可。

1羽セットはもも肉とむね肉各2枚、ささ身と手羽先、手羽元各2本。澄んだ色つやと張りが新鮮な証。部位ごとのうまみが堪能できる。

お取り寄せ先

会津地鶏みしまや

☎0241-48-5860
FAX0241 [illegible]
〒969-7511
福島県大沼郡三島町大字宮下字上ノ原2098-3
URL:http://www.aizujidori-mishimaya.com

会津地鶏は1羽セット2940円（写真右）。鶏肉の加工日に合わせ、ごく新鮮な状態をチルドパックで出荷するため、日曜までの注文は火曜発送、水曜までの注文は金曜発送となる。冷凍ものの場 合は受注次第発送可能。また、5つの部位を詰め合わせた1羽セット以外に、特定の部位だけの注文、会津地鶏と烏骨鶏の詰め合わせも可能。会津地鶏を使っ た料理の問い合わせにも対応してくれる。

魚介 seafood

赤坂菊乃井 村田吉弘さんのオススメ

岩手・釜石 中村家の 大粒生ウニ

北上山系の養分が流れるから よい海藻が育ちウニがうまい

朝7時半、釜石駅前にある中村家から保冷車が出発する。ウニの仕入れに行くのである。ウニ漁は、漁協によって解禁日が決められているので、日によって行き先が異なる。この日は、釜石湾漁業協同組合白浜浦支所。

三陸の初夏の風物詩であるウニ漁。解禁日は日の出とともに漁が始まる。はこめがねで海中を覗き、たも網やかぎの付いた棒で採る。

ウニ漁は4月下旬から7月まで行われる。白浜浦は毎週火曜と金曜が解禁日で、日の出から8時まで操業する。採れる量は1隻につき1カゴまでで、採取できるウニの大きさも決まっている。

8時、白浜浦では、岸壁でウニの殻むき作業をする漁師たちの姿があった。白い帽子を被り、マスクと手袋をしている。殻を割り、ワタをとり、身を崩さないようにスプーンですくう。ザルに入れられたむき身を滅菌海水にさらしながら、ピンセットで細かいワタを取り除く。色つやの良くないもの、身が崩れたものも外していく。とても手間がかかる作業である。

岩手はウニの水揚げ高全国2位を誇る。採取されるウニの90パーセントは、トゲが長く、身が黄色い「キタムラサキウニ」。コクはあるが、さっぱりした味がする。

「ウニには隠れやすいところに棲む習性があります。釜石は入江があり、岩礁も多く、ウニにとって棲みやすい場所です。また、エサとなる昆布やワカメなどの海藻が多い。昆布を食べて育ったウニは甘みがあり、おいしいんですよ」（釜石湾漁業協同組合白浜浦支所・小林正人さん）

「北上山系の養分を含んだ川水が湾に流れ込むから、よい海藻が育ちウニが育つ」

と話すのは、中村家社長の中村勝泰さん。

海鮮料理店でもある中村家は、魚協でのウニの入札権を持つ。料理店で持っているのは中村家だけだ。信用があり、素材を見る目があると認められた証拠でもある。

「店に持ち帰ってからも、さらに選別して、よいものだけを商品にします。防腐剤を一切使ってないので、ウニ本来の味が堪能できます」（中村さん）

水揚げされたものをその日のうちに発送する。焼きウニも同様。その日のうちにアワビの貝殻に盛りつけ、天火で焼く。営業が終った後、社長以下総出の作業。明け方近くになることもある。オートメーション化すれば楽になるが、それでは中村家の味ではなくなる。面倒でも一つ一つの手作業をていねいにすることを心がけている。

ウニの通販発送を始めて15年。今では3分の1が東京の料理店へ送られる。「食材ではなく、料理を送るつもりで」の気持ちが多くの名だたる料理人達の心を捕らえているのだろう。

食べると釜石の海が目に浮かぶ 磯の香がして甘いナチュラルな味

東京店ができた頃お客さんが送ってくれて、あまりに違うので驚いたんです。聞いたら海水につけているとか。釜石の海が目に浮かんでくる味です。京都では海水に漬けたウニは手に入りません。以前築地で出会って『おいしいなぁ』と思いましたが、はるかその上を行くピュアな味。色はそれほど赤くない。粒も揃ってない。でも磯の香がして甘い。ナチュラルな味とはこういうものか……と。料理屋なのでそのまま出すわけにはいかないので、店の名物のウニ豆腐を作ったら、他のウニで作るのと同じ仕上がりに。こういう繊細な味は、火を入れたとたん消えてしまう。だからそのまま食べないと申し訳ないし、かわいそう。以来、自分で食べるために注文しています（笑）。しょうゆを落として食べるんです。

村田吉弘

18代前から京都に住む生粋の京都人。料亭菊乃井の3代目。6月末に『料理以前の料理書』（柴田書店）を刊行予定。

赤坂菊乃井

東京都港区赤坂6-13-8
☎03-3568-6055 ㈼17時～21時（L・O） ㈬日曜
要予約 料理は懐石のコースのみで1万5750円、1万8900円、2万1000円。他応相談。京料理の神髄が味わえる。http://kikunoi.jp

リアス式海岸で有名な三陸海岸は、世界三大魚場の一つ。釜石は魚介の宝庫で、種類の多さでも、岩手でもトップクラスである。

（右）ウニの殻むきは手作業。漁協での作業から中村家での発送まで、それぞれ決められた衛生管理の下で行われる。（左）白浜浦でウニ漁をしている佐々木さん一家。右から、与一さんは、この道50年以上のベテラン漁師。奥さんのナヲさん、息子の洋裕さん。

（右）昭和20年創業の「中村家」は、三陸の素材にこだわる海鮮料理店としても有名。看板商品は焼ウニを使った「かぜおにぎり」。（左）中村家主人の中村勝泰さん。「ウニでも海宝漬でも、食材ではなく料理を送る気持ちで、盛りつけ映えのするものを送っています」

中村家では、素材の持ち味を大切にするため食品添加物や防腐剤を一切使用していない。ウニ本来の味が堪能できる逸品。

漁協でウニの品質をチェックする中村家の永井孝一さん。色つや、形、大きさなどを入念に見る。

釜石ではウニを「かぜ」とも呼ぶ。岩手で採れるウニはエゾバフンウニとキタムラサキウニ。比率は1対9でキタムラサキウニが多い。

暖かいごはんにのせて食べてもおいしい焼ウニ。コクのある甘さが感じられる。

お取り寄せ先

中村家

📞0120-56-7070
http://www.iwate-nakamuraya.co.jp/
〒026-0031　岩手県釜石市鈴子町5番7号
☎0193-22-0629　FAX0193-22-6500

「大粒生ウニむき身」は、250g×２カップで7875円。とれたての生ウニを滅菌海水に入れて、即日発送される。５月から７月だけの期間限定品である。一方、通年で販売される「焼ウニ」は、100g×３個で5355円。冷凍で発送される。解凍後、軽く焼いてそのまま食べても、いろいろなお料理にも使ってもおいしい。生ウニも焼ウニも、送料は別途。１個からでも注文に応じてくれる。詳細は要問い合わせ。

魚介 *seafood*

アクアパッツァ　日高良実さんのオススメ

静岡・沼津 アキシン商店の 干物・鮮魚

左に淡島、目前の内浦湾に続く駿河湾の向こうには、天気のよい日には富士山の雄大な姿が。潮風に吹かれて極上味の干物が出来上がる。

黒潮が入り込む駿河湾 エサが豊富で真に脂が乗る

「去年もまぐろが、目の前の淡島との間で釣れた。俺が小さい頃なんか、家のじいさん15キロぐらいのを上げたこともある。泳いでいるのが目で見えるって言って信じてもらえるかな。黒潮が入ってくると、海の色が真っ青になって透明度が一気に上がる。20メートル下が見える」

と沼津の海を何気ないことのように話すのは秋山一郎さん。市内から駿河湾沿いに南下、淡島が目の前に見える内浦重寺にあるアキシン商店店主で、いまや東京のレストランや料理屋からの注文も多く、魚の目利きとして一目置かれている存在だ。

　10代続くアキシン商店だが、沼津魚市場の鮮魚仲買商の免許を取ったのは一郎さんの代、昭和48年に先代と共に。代々の干物作りに飽き足らず、好奇心旺盛なことも手伝って、魚に関することは何でもやりたい一心だったそう。最近はテレビへの露出も多く、2年程前には、共演者の一言がきっかけで爆発的ヒットになった〝駿河湾産手長エビの干物〟を考案したこともある。

「市場に行くのは毎朝5時。注文を受けた魚や、逆に俺が料理人に勧めたい魚を探してくる。店に戻るのは10時。その頃息子がトラックに氷を積んでやって来る。午後2時近くまでは、仕分けや箱詰めで椅子に座る間もない」

と話す傍らには、東京に運ぶ冷蔵車が横付けされている。都内のシェフが出勤する10時半にもなると携帯電話が鳴り止まない。息子さんに指示しながら息をつく間もなく動き、2時前には冷蔵車は都内に向けて出発する。

　そこへ静岡県の水産試験場の川嶋さんが立ち寄る。

「このサバ、ヒラでもないし、マルでもない。模様もまったく違う」

　と市場で見つけたサバの変種を渡す。秋山さんは、わからないことが嫌いで、なぜこの魚が沼津で上がったのか、と川嶋さんの分厚い図鑑で、調べ続ける。そして、教えてくれた。

「駿河湾は、山のラインがそのまま海に落ち込んでいます。水深は約2000メートル。魚種は5〜600種。回遊魚も、北の魚も南の魚も棲息している興味深い湾です。南からの黒潮は伊豆半島や伊豆諸島に当たり、ものすごい勢いで西伊豆に沿って駿河湾に入り込んできます。プランクトンが豊富でえさが多いということは敵も多いということですが、それを食べた魚も脂が乗っておいしい。昭和40年代までは、駿河湾では珊瑚礁も増え続けていました」

　遅い昼食は、自ら小鯛を3枚におろし、あわび、うに、帆立、酒、醤油を加え、土鍋で炊き込みごはんを作る。〝自分がうまいと思う料理なんて簡単〟なのだとか。

　アキシン商店は、魚を介して秋山さんの友人知人がひっきりなしに顔を出す店でもある。

〝秋山さんの目利きで16年間はずれ無し〟

アクアパッツァを西麻布に開店させた当初からのお付き合いですから、かれこれ18年になります。秋山さんを一言でいえば〝駿河湾を知り尽くした男〟。彼にお願いしていれば間違いないと、私は絶大な信頼をおいています。秋山さんは私が作る料理を知ってくれているので、あれこれ注文するよりも、「これがいい」という素材を素直に送ってもらうのが何より。それは、きっと個人の取り寄せでも同じだと思います。人数と予算、どのくらい料理ができるのかを伝えるだけでいい。干物も脱帽です。テレビで人気になった手長エビの干物をはじめ、あじ、いわし、さば、かます、タカサゴ等……。タカサゴは皮が厚くて、最後に皮を炙ると皮せんべいになり、これが美味。お薦めを上げたら切りがないです。

日高良実
素材を活かしたダイナミックな料理が評判のオーナーシェフ。広尾アクアパッツァをはじめとした全国12店舗のプロデュースをしている。

リストランテ アクアパッツァ
東京都渋谷区広尾5-17-10EASTWESTビルB1
☎03-5447-5501　営11時30分〜13時30分(L・O)、18時〜21時30分(L・O)　無休　昼は3600〜5800円、夜は8400円〜15000円コース(アラカルトも有)。

内浦湾から吹く潮風と穏やかな太陽が作り上げる干物は、完全手作り。アジやカマス、エボダイ、キンメ、太刀魚。ふっくら美味しい

沼津市場で買い付けた飛び切りの鮮魚を宅配便で届けてくれる。料理する日時、どんな料理にするのか、人数を伝えるのが一番だ。

国道沿いにあるアキシン商店。人気の干物を求めて立ち寄る買い物客には、七輪で炙った干物が振舞われる。

絶大な人気の手長海老の干物を両手に持つ秋山一郎さん。駿河湾の漁期は9月10日から5月15日。海老の旨みが凝縮した干物だ。

昔と違い、最近は干物にも脂が乗ったものが好まれる。お刺し身になる飛び切りの魚を、素材に合わせて濃度を変えた塩水に漬ける。

お取り寄せ先

アキシン商店

☎055-943-2008
http://www.e-akishin.com/index.thml
〒420-0221静岡県沼津市内浦重寺26-5
発注専用☎＆FAX055-943-2132

鮮魚は海の状態・天候で変わるので電話注文が確実。どんな料理を作りるのかを伝えると適切なアドバイスをしてくれる。左の写真は初夏のお薦め5000円セット。下の沼津名物あじの干物は1枚200円〜。ここでしか入手できないのが駿河湾の手長エビの干物。海老の味が濃縮された逸品。100ｇ1155円、1尾1000〜2000円。大きさ、数に関しても相談するのが一番。

豚肉 pork

アルポルト　片岡 護さんのオススメ

久慈ファームの 折爪三元豚佐助

佐助のしゃぶしゃぶ肉を食べた途端、脂身が溶け出し、うまみが口いっぱいに広がる。臭みもなく、柔らかだ。

販売元、久慈ファームの久慈剛志さんは、

「佐助の肉は脂身の融点が低く36度程度で溶けだします。体温と同じですから、冷えても口の中に入れると溶けだして、脂が残らず、おいしいんです」

と語る。肉質を大きく左右しているのはエサ。非遺伝子組み換えの飼料に、臭みがとれるという2～300万年前の地層から採った植物性炭化物を3パーセントほど混合。融点を低くするため、エサに工夫を加えているが、これは非公開。

「ほかにも、たとえば、通常20日で離乳させるところを約一カ月かけて自然と離乳させ豚のストレスを減らすとか、日々小さなことの積み重ねをしています。そこで初めて美味しい豚肉ができると思います」（久慈さん）

折爪三元豚佐助の「折爪」は地元の山の名、「三元豚」は3品種の豚のかけあわせ、「佐助」は創業者の名から取ったという。剛志さんは三代目。

お取り寄せ先

久慈ファーム

☎ 0195-23-3491
http://www.sasukebuta.co.jp/
〒028-6102　岩手県二戸市下斗米字十文字50-12
FAX0195-23-3490

写真はしゃぶしゃぶセット750g　3780円（送料別）。しゃぶしゃぶ用に薄くスライスされた、ロース、バラ、モモ肉が各250g入って、部位の味くらべができる。計750gだが、あっさりしているので多く食べられる。そのほか、味噌漬け・味付け焼肉セット、ステーキセットなどもある。問い合わせは電話、FAX、またはホームページから。

片岡　護

伊より帰国後'83年に、現在の地にアルポルトを開店。優しい人柄で、テレビや雑誌にも頻繁に登場するイタリア料理界の人気者でもある。

調理法を選ばないのは旨い脂身だからこそ

豚肉のオレイン酸がコレステロールを下げるといわれ、今や豚肉＝ヘルシーというイメージですね。三元豚佐助は、安定した確実な味を届けてくれます。フランスのバスク豚やスペインのイベリコ豚同様にうまい。料理人は肉を脂身で判断しますが佐助の脂身は味も格別です。店ではローストしたり、煮込んだり、ボイルしたりして出していますが、お薦め部位は肩ロース。豆乳しゃぶしゃぶに最適。

リストランテ・アルポルト

東京都港区西麻布3-24-9上田ビルB1　☎03-3403-2916　㊔11時30分～13時30分（L・O）、17時30分～21時30分（L・O）　㊡月曜

赤坂璃宮　譚 彦彬さんのオススメ

フリーデンの やまと豚 しゃぶしゃぶ用

「肉質はきめが細かくて、やわらか。脂肪に甘みと風味があって、調理してもアクが出にくい。アクはうまみそのものなのですが、肉に保水力があるので、うまみが外に出て行かないのです」

と語るのは、やまと豚の生産から販売まで行っているフリーデンの外食営業部門の東京営業所長、小澤浩久さんだ。

「おいしさの秘訣は、自然に囲まれた牧場で豚にストレスを与えないようにできるだけ自由に動けるスペースを確保し、エサは脂肪の少ない栄養価の高い穀物を主体にビタミンやミネラルを強化した自社独自の配合飼料を使用していることです」（小澤さん）

安全性の面では、基豚（原々種）の生産から販売までの全てを独自の一環システムで管理。それらの取組みが認められ、やまと豚は発売から2年目の平成15年に「農林水産大臣賞」を受賞した。

子豚を仕入れて育てる養豚場も多い中、フリーデンでは種豚の前段階の基礎豚から生産。品質、安全管理に面にも配慮している。

お取り寄せ先

フリーデン

☎ 0463-58-6120
http://frieden.jp/
〒259-1201　神奈川県平塚市南金目1058
FAX0463-58-6124

直営のレストラン「銀座やまと」で大人気の「薬膳不老長寿鍋」セット／やまと豚しゃぶしゃぶ用肉ロース200g×2パック×2箱、薬膳不老長寿鍋スープ700g、商品名：FRN、消費税込み5250円（送料別）。肉の賞味期限は冷凍で90日。ほかにギフト用として、2006年モンドセレクション金賞を受賞した「やまと豚レトルトカレーセット」4200円、ハムの詰め合わせ3150円～、味噌漬け3675円～などもある。

譚彦彬

1943年横浜生まれ。赤坂璃宮のオーナー調理長。日本における広東料理の重鎮として、雑誌やTVなど幅広く活躍中。銀座店もあり。

冷めても上手い豚肉は叉焼作りに欠かせない

赤坂璃宮の叉焼は、5年ほど前から全て〝やまと豚〟の肩ロースで作っています。前菜として出す叉焼は、温かい状態だけでなく、冷めてから食べられることもあります。でも、やまと豚の脂は、冷めても味がいい。豚特有の臭みやしつこさがないので叉焼作りには最適です。脂身のうまさは当然のことながら、肉質はきめ細やかでとても柔らか。炒め物や煮込みなど、どんな調理法にも合いますよ。

赤坂璃宮

東京都港区赤坂2-14-5プラザミカドB1F　☎03-5570-9323　㊔11時30分～15時（L・O）日・祝は16時、17時30分～22時（L・O）日・祝は21時　無休

鶏肉
chicken

バードランド　和田利弘さんのオススメ

奥久慈しゃも生産組合の
奥久慈しゃも

「通常のブロイラーは50〜60日で約3キロほどに育てて出荷しますが、奥久慈しゃもは、ある程度広さのある鶏舎で運動させながら、エサの質や量も調整して、オスは4カ月で2・6キロになるまで、メスは5カ月で2・1キロになるまでゆっくり時間をかけて育てています。早く育てると鶏にストレスを与え、締まりのない肉になっておいしくないんです」

　と教えてくれたのは奥久慈しゃも生産組合の理事、高安正博さん。

　エサには、メーカーと開発したとうもろこし主体の専用のエサ、近隣の農家で採れた野菜や穀物を与えている。そうやって育った奥久慈しゃもは、余分な脂がなく、肉にしまりと歯ごたえがあり、噛んだ時に染み出す肉汁にはうまみがたっぷりとある。全国特種鶏（地鶏）味の品評会で第一位に輝いたこともある、折り紙つきだ。

正肉一羽セット。手羽先、もも、むね肉、ささみが入っている。全部で850g以上。4〜5名分で食べるのにちょうどいい分量。

お取り寄せ先

奥久慈しゃも生産組合

☎0295-72-4250
http://ibaraki.lin.go.jp/shouhi/001.html
〒319-3523　茨城県久慈郡大子町袋田3721
FAX0295-72-2944

写真の正肉一羽セット3450円。送料別。ほかに、奥久慈しゃも骨付きブツ切り1Kg 2730円（税込み、送料別）もある。カチカチに冷凍した状態で届くので、自然解凍の場合、冷蔵庫で一日以上かかる。しゃも料理の冊子付き。料理組合には15軒の農家が加入しており、トレーサビリティの観点から、一日に出荷するのは一軒の農家の分のみとなっている。

和田利弘

1958年茨城県生まれ。87年阿佐ヶ谷にバードランドを開店。01年銀座へ移転。日本醤油協会第2回醤油名匠大賞受賞。

地鶏の旨みと弾力感は火加減が一番のポイント

　奥久慈しゃもは、脂肪が少ないけれど肉質は弾力があってジューシー。よく運動させることで肉の細胞が緻密になっているからです。そのかわり火の通し方が難しく、火を入れすぎると固くなってしまうので要注意。自宅で調理する際は、完全に焼ききらず途中で火を止め、フタをして余熱で火を通す方法がおすすめ。特に胸肉は、じっくり火を通すと「これが胸肉？」と驚くほどの味に仕上がります。

バードランド

東京都中央区銀座4-2-15 塚本素山ビルB1F　☎03-5250-1081　㊡17時〜22時　㊡日、月曜・祝日　焼き鳥1本400円〜、軍鶏親子丼1200円他

siruka　酒井礼子さんのオススメ

宮川食鳥鶏卵の
鳥すきセット

「自慢は代々受け継いだ包丁さばき」

　と誇らしげに語るのは、築地、宮川食鳥鶏卵の三代目、戸田勝彦さん。

「小さくブツ切りにすると歯ごたえがなくなる。だけど、筋肉を剥がすように切るとしっかり噛み応えが出て美味しい」

　もうひとつのこだわりが鮮度。産地から店を経て消費者に届けるまでの間、一切冷凍はしない。昔ながらの氷詰で運んでいる。冷凍すると解凍したときに旨みが出てしまうからだ。

　だから、仕入れ先は近郊に決めている。その一軒が山梨県の甲斐食産。社長の米山義智さんは言う。

「宮川さんからの注文の規格は、飼養期間が少し長く、大きめで弾力があってジューシーな鶏。早ければ絞めた日の翌日には消費者の手元に届くのでは」

　鶏肉店のひと手間とこだわりが生む美味なる鶏肉は、味に妥協しない焼き鳥屋からの注文も多いという。

鶏すきセットに入っている人気のつくねは、親鳥のむねともも肉、ひなの皮、卵を入れてたたきにしたもの。ジューシーでコクがある。

お取り寄せ先

宮川食鳥鶏卵

☎03-3541-0177
〒104-0045　東京都中央区築地1-4-7
FAX03-3541-0164

鶏すきセット（三色折詰）には、ひな切身、レバー、心臓、砂肝、つくね、ねぎが入っている。5人前。3220円（送料別）。写真の野菜はねぎ以外は別。お使いものに使われることも多く、お中元、お歳暮などのシーズンは、特に注文が集中する。鶏の解体は手作業のため、作れる数には限りがある。早めに注文したほうが、希望日に入手できる。賞味期限は到着後2〜3日。予め予約しておいた方が無難。

酒井礼子

'00年、西麻布にsirukaを開店。新しいコンセプトの甘味である汁菓子を発表し、和の甘味のブームを起こす。店は通販のみの取り扱い。

活気あふれる店も魅力的新鮮でジューシーな本格味

　近くに引っ越したのが出会うきっかけでした。朝、散歩がてら界隈を探索していると、白衣を着た人が5〜6人、店の奥で忙しそうに鶏を解体しているのを発見。さらによく見ると、焼き鳥屋さんのように、さまざまな部位の看板が下がっていて……。まずはお薦めをセットアップして購入。教わったまま料理したら、大好きな神田の鶏すきのお店と同じ味。感激して以来、個人的に広めています。

siruka

東京都港区西麻布2-14-5　☎&FAX03-5766-6733　http://www.siruka.co.jp/　ホームページにFAX注文シートもあり。

翁 中島 潤さんのオススメ

下倉孝商店の トキシラズ切身

今にも弾けそうにピンと張りがある。細かな銀鱗が美しい大きな魚体だ。

「6～7月のトキシラズ(時不知)の最盛期には、6キロ以下のものは扱わないよ。脂ののりが、ぜんぜん違うからね」

札幌の老舗商店街・狸小路にある、その名も狸小路市場。昭和46年に創業した(株)下倉孝商店の社長、下倉孝さんは、そう言って胸を張った。春～夏にかけて獲れるサケがトキシラズ。産卵期ではないため脂がのり、サケのなかで最も味が良いとする向きもある。同店で扱うのは、近海定置網のものだけだ。

「いいものだけを選んで持ってきて、フランス・ゲランド塩(天日海塩)で甘塩に処理。焼いて食べてみなって。本当のサケはこれだ、って味がするから」

たっぷりの脂はしかし、あっさりとして口に残らず臭みもない。大衆魚のイメージとは一線を引く、上品な味わいだ。

北海道近海、天然ものの時不知は、7月にかけてが、最もおいしい季節。分厚いその身の色合いは、秋の鮭にはない鮮やかさを持つ。

お取り寄せ先

(株)下倉孝商店

☎011-231-4945
http://www.shimokura.jp/
〒060-0063北海道札幌市中央区南3条西6丁目狸小路市場
FAX011-232-5588

トキシラズは切り身約1kgで1万1550円。天然の魚介のおいしさにこだわり、戸井・大間のマグロをはじめ近海の幸を中心に販売。イクラ醤油漬けや干物、紅鮭など無添加の加工品も数多く製造・販売。季節や時期によって取り揃えが若干変わるので、電話またはFAXで問合せ、希望を伝えるのが確実。

中島 潤

そば好きが高じて店を開いた父の影響で、東京・麻布更科で修業。その後恵比寿に翁を開店。そばがおいしく食べられる料理が大人気。

北海道の魚はお任せあれ。目利きを信じる幸せを実感。

兵庫県出身でサケとはなじみが薄かったのですが、下倉さんにそのおいしさを教わりました。電話では気心の知れた友達のように話をしていますが、実はまだお会いしたことがない(笑)。"目利きが仕入れた素材は全く違う"ということを思い知らされました。下倉さんは料理の出来上がりを想定するかのようで、使う側のことはすべてお見通し。サケだけでなく、北海道の魚を知り尽くしています。

翁

東京都渋谷区恵比寿西1-3-10ファイブアネックスB1 ☎03-3477-2648 ㋱18時～25時(土曜・日曜・祝日は24時まで) 要予約 ㉁月曜・第2日曜

うち山 内山英仁さんのオススメ

ぶった農産の サバの糠漬け

「使っているのは、捕れたてを船内冷蔵で瞬間冷凍したノルウェー産のサバ。非常に脂がのっています。それを五島灘の塩で締めて、米糠と麹、調味料、とうがらしを入れ、約半年、常温で発酵、熟成させます。米麹が熟成してうまみの素のグルタミン酸を作り、サバの持つイノシン酸のうまみと合わさって、相乗効果で1＋1が3にも4にもなって、サバのおいしいぬか漬けができあがります」

とは、ぶった農産の佛田孝治さん。

魚のぬか漬けは、「こんか漬」とも呼ばれる加賀の郷土料理。かつては、冬場の貴重なたんぱく源だった。

ぶった農産では有機質肥料を使った自家農園でコシヒカリを栽培しているが、その米糠を使い、味を左右する米麹は、数年かけて納得のいく発酵力の強いものを作り出したという。

そのまま薄く切ってご飯に乗せて食べてもよし、軽くあぶっても美味。

糠を包丁の背などで軽く落として薄く切り、ご飯の上に数切れのせてお茶漬けにするとおいしい。糠を落とさず焼いて食べても香ばしい。

お取り寄せ先

ぶった農産

☎0120-48-0760
http://www.butta.co.jp/index.html
〒921-8589 石川県石川郡野々市町上林2丁目162番地1
FAX0120-48-0761

さばの糠漬けは単品で、頭と内臓をとった丸ごと一尾945～1260円(送料別)。さばの大きさによって値段が変わる。ほかに、にしん、いわし、ふぐ、ぶりなどの糠漬け詰め合わせ2415円～。賞味期限は未開封で冷蔵保存6ヶ月。注文は電話、FAX、またはインターネットの注文専用フォームから。在庫切れの場合は多少時間がかかることもある。

内山英仁

5年前にうち山を開店。昭和通を渡ってわざわざ食べにきてくれる人を大切にしたい、という新進気鋭の料理人。会員制料理教室も。

そのまま美味。和え物のアクセントになる酒の肴

2年前、うちで働いていた子が『おいしいから食べて』と教えてくれました。糠がついたままでも、包丁で糠をこそげ落としても、ぜんぶきれいに洗い流して切って食べてもいい。夏なら冷奴に乗せてはどうでしょう? 鯛、平目、かわはぎでこれをまいて食べても味に深みが出ておいしいでしょうね。店では漬物に添えたり和えたり。これは手頃な塩分が魅力。日本酒好きにはたまらないでしょう。

うち山

中央区銀座2-12-3ライトビルB1 ☎03-3541-6720 ㋱11時30分～14時(L・O)、17時～21時(L・O) ㉁日曜祝日

銀座キャンドル　岩本 忠さんのオススメ

海一酒井商店の
ししゃも（オス）

日本国内で「子持ちししゃも」として出回っているものの多くは、輸入物のカラフトシシャモ（カペリン）で、ししゃもとは生態も味も異なる。そもそも、ししゃもは日本固有の魚で、北海道の太平洋岸のみに生息。海一酒井商店で扱っているのは、その中でも上物といわれる、釧路と白糠の間で捕れたししゃもだ。

「ほかの水域で取れるししゃもに比べて味わいが深く、身がしまり、せり値も一番高い。道内でも最高のししゃもです」と同店の佐々木悟さんは胸を張る。

ししゃもは川を遡上して卵を産む。釧路・白糠沿岸には遡上する清流が流れ込み、良質な漁場となっている。

「捕れたてのししゃもを海水につけてじっくりと天日干ししています。身がしまり、しっかりとした食感があって身に味わいがあるのはオスのほう。メスは魚卵の好きな人向けです」（佐々木さん）

本物のししゃもは卵でなくて身を味わうもの

北海道好きな両親が取り寄せていたので、私にとっては物心ついたときから、これがししゃも。卵が詰まった魚をししゃもといわれた時のショックは大です（笑）。ししゃもはプチプチの卵を楽しむものではなく、魚として身を味わうものなのですから。特にオスは身がプリッとしていて、『魚だなぁ』と実感。網で炙ってそのままか、レモンを絞るくらいで。よい素材はシンプルな調理法がいいんです。

岩本　忠
内装から料理まですべてに関わる3代目。幼い頃から祖父母が開業した洋食店の厨房で過ごす。高校時代に調理師免許取得。

銀座キャンドル
東京都中央区銀座7-3-6有賀写真館ビルB1　☎03-3573-5091　㊟11時30分～22時（L・O）、土曜・日曜は12時～21時（L・O）　㊡月曜

「好みもあるでしょうが、私は中火で焦げ目が少しつくぐらいまで両面焼いたししゃもが美味しいと思いますよ」（佐々木さん）。

お取り寄せ先

海一酒井商店
☎0154-22-4163
〒921-8589　釧路市黒金町13-25-3
和商市場内
FAX0154-22-4163

「柳葉魚」と書かれた化粧箱に10尾1串になったものが２つ入ってくる（1500円、送料別）。１年中購入できるが、釧路のししゃもの漁期は例年10月20日以降から1カ月程度。11月頃に購入するといわゆる新物を味わえる。地元では11月10日から2週間の間に捕れたものが、上物で美味しいと評判。たらこやすじこなどの取り扱いもあり。日曜日定休。

華園　邱 玲娣さんのオススメ

あん梅の
干物セット

「昔ながらの、おいしい干物が食べたい」

和食の料理店を営む藤井哲夫さんが、店にくるお客さんのこの一言から、自家製干物を作って店で出し始めたのは10年前。麻布の自社ビルの上で、一枚一枚天日干しにして作る干物は、機械干しのそれとはまったく違う味わい。おいしさが評判を呼び、買って帰りたいという要望が増えたため、2年前から店頭での販売を始めた。

「〝保存性〟重視ではなく、〝味〟重視のおいしい干物を食べていただきたいから、刺身でも食べられる新鮮な魚を使っています。食材の味を生かすため塩分も薄め。干し方は、その魚の種類や状態によって変えます。あじなら天日干し、さばなら冷風干しがうまい。添加物を使うと後味が悪くなるから、塩と水と魚だけで作り、一尾つず真空パックにして売っています」（藤井さん）

網で捕った魚はストレスがかかって脂が落ちてしまうため、一本釣りのものしか使わない、という特選ひものも試したい。

巧みな塩使いが引き出す魚の本来のおいしさ

「あん梅」の干物や西京漬は、料理屋が作るものだけあって上品な味わい。厳選した新鮮な魚に塩を上手に使い、ていねいに作っているので、安心できます。ほどよい塩加減なので魚本来の旨味や、身のふっくらとした食感がきちんと楽しめます。おすすめは、銀だらの西京漬。身の美味しさは言うに及ばず。皮を食べたとき、中に広がる魚の脂が絶妙で、皮までこんなにジューシーなの？と感動しました。

邱 玲娣
料理人であった父が経営する華園の味で育つ。現在は夫婦二人三脚で、化学調味料などを使わない安心で身体に優しい中国料理を提供。

華園
東京都港区六本木6-15-19　六本木アームス1F
☎03-3401-1051　㊟月曜～金曜のみ11時30分～13時30分（L・O）、18時～22時（L・O）　㊡日曜

5250円（送料別）の干物セット。天日干し鯵、鮭ハラス、鮭干物、銀だら西京漬け、塩鯖、じゃこ山椒が入っている。西京漬けももちろん自家製。

お取り寄せ先

あん梅
☎03-5439-6937
http://www.i-anbai.com/pc/top.html
〒106-0045　東京都港区麻布十番2-19-2
FAX03-5439-6937

干物セットは5250円コースと1万500円コースがある。いずれも送料別。干物の種類はおまかせで、季節によって内容は変わる。1万500円コースは毎日限定10セットのみ。冷凍した真空パックで届く。すぐに食べない場合は、そのまま冷凍保存すれば半年はおいしく食べられる。ホームページから注文できる。内容に関する問い合わせはFAXで。

老舗の名品を並べるだけで、そこには京都の夏の風情が醸し出される。

京都の食の第一人者が選んだ名物「鱧」から「京都スイーツ」まで

柏井 壽さんがすすめる

京都老舗のおもたせ

人の行く裏に道あり花の山。そう諺にあるように、京都では人が避ける時季にこそとっておきの美味に出会える。

春の桜、秋の紅葉、人が好んで京都を訪れる季節は人波が絶えることはなく、店も多忙を極め、人気店は早くから予約で満杯。旨いものにありつくのは至難の業だ。そんなトップシーズンではなく、盆地特有の蒸し暑さに辟易《へきえき》する夏、京都の街は美味に恵まれる。

例えば鮎。或いは京の夏野菜。山国であるがゆえの美味は、京都の自然が育んだ夏の恵み。澄み切った清流が鮎を育て、豊かな土壌が野菜に旨みを乗せる。

一方で、都人の知恵が生み出した夏の美味もある。例えば鱧《はも》。海から遠い京都なので、もちろん京都で産するわけではないが、今や京都の夏といえば鱧、と言われるほどに都の夏の名物になった。新鮮な魚を入手し難い土地なので、生命力の強い鱧は活きたまま都まで届く貴重な魚。その骨の多さから敬遠されがちだった鱧を、都の職人は「骨切り」の技を使い、多彩に料理する術を編み出した。

祭り鱧という言葉通り、祇園祭りの頃、鱧は最盛期を迎える。淡路から、玄界灘から、更には遠く韓国から遥々やってきた鱧が、祇園囃子に合わせて舞い踊る。

鱧料理は京都の夏の風物詩。

その鱧と同じく、都人の知恵が生み出した夏のもうひとつの美味、それが和菓子をはじめとする夏スイーツ。京都の夏は不快なまでに暑い。気温としてはさほどでもないのだが、山に阻まれ風も無く、湿度が飛び抜けて高い。現実の暑さからは逃れられないから、せめて気分だけでも涼しさを感じようと工夫を凝らしたのが京都の町家と和菓子。

坪庭を造り、僅かの風でも揺れる棕櫚《しゅろ》の葉を植え、目で涼しさを感じるのと同様、和菓子もまた見た目で夏を涼しく感じさせてくれる。

青竹の器は瑞々しさを湛え、透き通った菓子は、流水にも似た清涼感を目に映す。目で味わった後、舌でも涼しさを感じるのは葛や寒天の、ぷるんとした舌触り。

五感全てに訴えて、夏の涼風を演出する美味の数々。これらを味わうには酷暑を我慢しなければならないのだが、有難いことに、というか、京都人にとっては、「ズルイ」としか言いようがないのだが、「お取り寄せ」という裏ワザがあるのだ。

エアコンの効いた部屋に居ながらにして夏の京の美味を満喫する。罰当たりなほどの贅沢だ。

柏井壽

柏井 壽

1952年京都市生まれ、大阪歯科大学卒業。京都市北区にて歯科医院を開業する傍ら、京都関連の本や旅紀行、食のエッセーなどを多数執筆。テレビ朝日系の旅番組「旅の香り」の監修も務める。著書に『京料理の迷宮』『「極み」の日本旅館』『極みの京都』(光文社新書)、『京都の値段』(プレジデント社)などがある。

京都の夏の風物詩「鱧」三種

喉ごしつるん、さっぱりと梅風味
京の夏の味「鱧」とコシのある麺

夏越の鱧糸・紫野和久傳

夏越の鱧糸（4人前1万500円／送料別／翌日配達地域のみ／5月～9月末限定）
消費期限／製造日より2日間

紫野和久傳

丹後峰山を発祥の地とする料亭「和久傳」は、格式を誇る「高台寺和久傳」から、おもたせ主体の「紫野和久傳」まで様々な店舗を展開。
〒603-8214京都市北区紫野大徳寺南門東入ル
☎075-495-5588
FAX 075-495-5577
㊫10～18時
㊡月曜（祝日の場合翌日休）

〝料亭の味をご家庭で〟がコンセプト。京都でも指折りの高級料亭である、和久傳の「おもたせ」専門店として、「れんこん菓子 西湖」など、次々と名品を生み出しているのが紫野和久傳だ。『夏越《なごし》の鱧糸《ほうし》』は、別注のひげかご包みがその銘のように清々しく美しい、贈り物にも最適な逸品。

「旬を代表する味である、鱧をいかに美味しく召し上がっていただけるかを考えた商品です。丁寧に骨切りし、葛粉をまぶして湯引きにしたなめらかな口あたりの鱧、そしてゆでたてをキュンと冷やした小豆島産のコシのある太い麺。いずれも喉ごしよく、さっぱりとした梅肉だしによく合います。」（広報の川村さん）

3日前までに要予約のため、余裕を持って注文を。

柏井 壽さんがすすめる理由

敷居の高い「高台寺和久傳」の技と味を、取り寄せ限定で楽しめる点に価値がある。「おもたせ」専門のラインナップも、きちんと店の厨房で作っているのが嬉しい。鱧は京都の夏の代名詞。姿かたちも美しく、食べ方も自在な、旬を感じる贅沢な一品といえる。

自然豊かな洛北の地に発祥し430年
老舗が贈る暑気払いの好適メニュー

鱧しゃぶセット●山ばな平八茶屋

まさに今の時期だけ取り寄せられる人気の品だ。主役は、なかなかお目にかかれない生の鱧。野菜や豆腐などのほか、特製ぽん酢のセットなので、鍋ひとつで京都ならではの味が楽しめる。

「特に鮮度にこだわって、朝じめした瀬戸内の活け鱧を骨切りして、きれいに折詰めしております。しゃぶしゃぶ風にさっと火を通して、召し上がってください。火を通したての生の鱧は、旨みが逃げず柔らかく、最高の旨さですよ」

と、若主人の園部晋吾さん。

柏井 壽さんがすすめる理由

名物「麦めしとろろ」に通じる出汁の味わいがベースに生かされた、京都の夏ならではの鍋は、〆の雑炊がまた旨い。包みを開ければ歓声があがるような豪華さながら、手ごろな価格もありがたい。鮮度抜群の生鱧は、アツアツをほおばれば元気が漲ってくるようだ。

鱧しゃぶ（3人前1万920円／送料・代引手数料込／6月15日～7月末限定）消費期限／製造日より2日間。

山ばな平八茶屋
京都の街へ海の幸を運ぶ貴重な道であった鯖街道沿いに、戦国時代の終わり頃から店を構える、風情ある老舗中の老舗料亭。
〒606-8005京都市左京区山端川岸町8-1
☎075-781-5008　FAX 075-781-6482
㊎9時～19時　㊡水曜

錦市場そばにたたずむ老舗料理宿
京都ならではの粋で高級な夏の味

鱧寿司●近又

歴史を感じさせる建物は、国の登録有形文化財に指定されている。ありがたいことに朝昼晩、料理だけをいただくこともできる。近又の味、旬の味を楽しんでもらいたいと、通販商品にも力を入れる。

「素材には徹底的にこだわってます。たとえば鱧。身の厚み、旨みが最高の600～700gの最高級のものだけ、つこてるんです。素材がええから値は張りますが、京都ならではの夏の味、いちどは試していただきたいと思てます」

と、七代目又八（鵜飼治二）さん。

鱧寿司（1本1万5000円/半身は頭の方8,000円、尾の方7,000円／送料別／6月～10月限定）消費期限／製造日より2日間

柏井 壽さんがすすめる理由

京都の寿司といえば鯖寿司に代表される棒寿司。なかでも夏は、何といっても京都人垂涎の味、鱧寿司。産地と大きさにこだわって選んだ鱧は、しっかり脂が乗った肉厚の極上もの。上品な照り焼き風味が食欲をそそる。開けてすぐ手間なく食べられるのもいい。

近又《きんまた》
創業200年余の「近又」は、七代目又八を襲名した総料理長が腕をふるう名うての料理旅館。調味料から惣菜までおもたせも逸品が揃う。
〒604-8044京都市中京区御幸町四条上ル
☎075-221-1039　FAX 075-231-7632
㊎10時～22時　㊡水曜

夏味六種と青竹酒・祇園丸山

一個人のために主人が吟味、厳選
気鋭の料亭の極上の夏味いろいろ

夏味六種（2人前8500円／6月～8月末限定）賞／製造日より7日間 青竹酒（2合入お猪口2ヶ付7350円）いずれも送料別

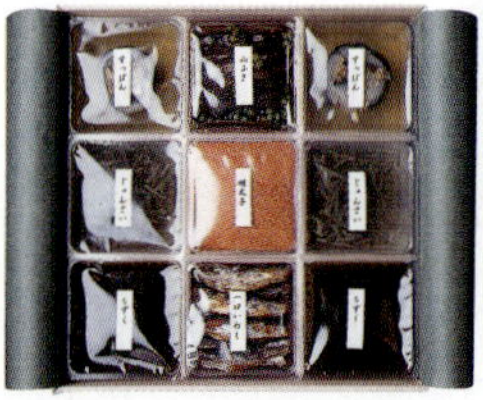

「新絹もずく」「すっぽんのにこごり」「新じゅんさい」「もみじ子」「一口いわし」「山蕗」の６種がセット。

祇園丸山
京都の料亭、割烹の中で、もっとも美しい八寸を出す店と言われる「祇園丸山」。しつらいも情緒にあふれ、京都らしさを堪能できる。
〒605-0074 京都市東山区祇園町南側
☎075-525-0009　FAX 075-561-9991
㊛11～22時　㊡ 水曜

数々の名店で腕を磨き、20年ほど前に独立して祇園に店を構えた、主人の丸山嘉桜さん。ほどなく『祇園丸山』は一流店の仲間入りを果たし、建仁寺そばにも素晴らしい数寄屋造りの料亭を開店。日々両店を行き来し、料理にしつらいにと、自らの目を行き届かせる。

「青竹酒は、お客様へのふるまい酒。できたての味を封じ込めた料理は、店でもお酒のあてやごはんの友、コースの一品としてお出ししているもので、どれも最高級の素材を使っております。新絹もずくは、他になかなかない一級品。すっぽんのにこごりは、温めればまったく違う味わいのスープに。夏らしい新じゅんさい、定番の明太子フレーク『もみじ子』、一口いわしに山蕗の炊いたんもお入れしました」。

季節によって変わるラインナップは、どれも魅力的だ。

柏井 壽さんがすすめる理由

取り寄せ限定も魅力だが、店で味わった美味を取り寄せられるのは嬉しいもの。生真面目な丸山さんらしい丁寧な解説がついた一品料理の詰め合わせは、特殊包装ゆえ日持ちもする。器をはじめ食卓の設えにも気を配れば、来客時にも夏らしさが綺麗に演出できる。

京都の奥座敷、風光明媚な山里花脊
知る人ぞ知る名宿の旬の味

鮎の旨煮・美山荘

京都の夏は、蒸し暑い。だが、ひと山越えた花脊を訪ねれば、ひんやりと澄んだ空気に生い茂る緑、いたるところを走る清流…そこはまるで別天地。この山里にそびえる大悲山にある峰定寺の、かつては宿坊だった宿『美山荘』は、先代から野趣あふれる独自の摘草料理を看板に掲げ、名料理宿として広く知られるようになった。朝は料理の素材を「摘み」に出で、夜は板場で包丁をふるう4代目当主の中東久人さんはこう語る。

「添加物とか使い方も、ようわかりませんねん。昔からのやり方で全部させてもろてます。花脊の鮎は、お食事の際には炭火で塩焼きに。旨煮は、ご飯やお酒に合うようふっくらと山椒風味で炊きあげました。秋には子持ち鮎に変わります。地で摘んだ素材で炊いた花山椒ちりめんやふきのとう味噌も、人気のお品です」

柏井 壽さんがすすめる理由

夏の恵みである近隣で獲れる鮎を、保存がきくように調理した旨煮は、取り寄せ限定の味。希少な花山椒は、風味が柔らかくいかにも雅なごはんの友。いずれも格好の酒のつまみになる。良心的な価格にも、ホスピタリティの高さで知られるこの宿の心意気を感じる。

鮎の旨煮（2尾1500円／6月末～8月末限定）賞／3日　花山椒ちりめん（90g1000円）賞／製造日より30日間

美山荘
夏は避暑地のごとく涼しく、冬は雪に埋もれるほどの鄙の地の宿。
山に分け入り、主人が自ら摘み取った素材でつくる摘草料理で名高い。
〒601-1102
京都市左京区
花脊原地町大悲山
☎075-746-0231
FAX 075-746-0233
㊫9～22時　無休

食通をも唸らせる名店の「一流素材」

すき焼き用牛肉●三嶋亭

京都＝牛肉＝三条寺町「三嶋亭」
京都人のご馳走といえば、すき焼き

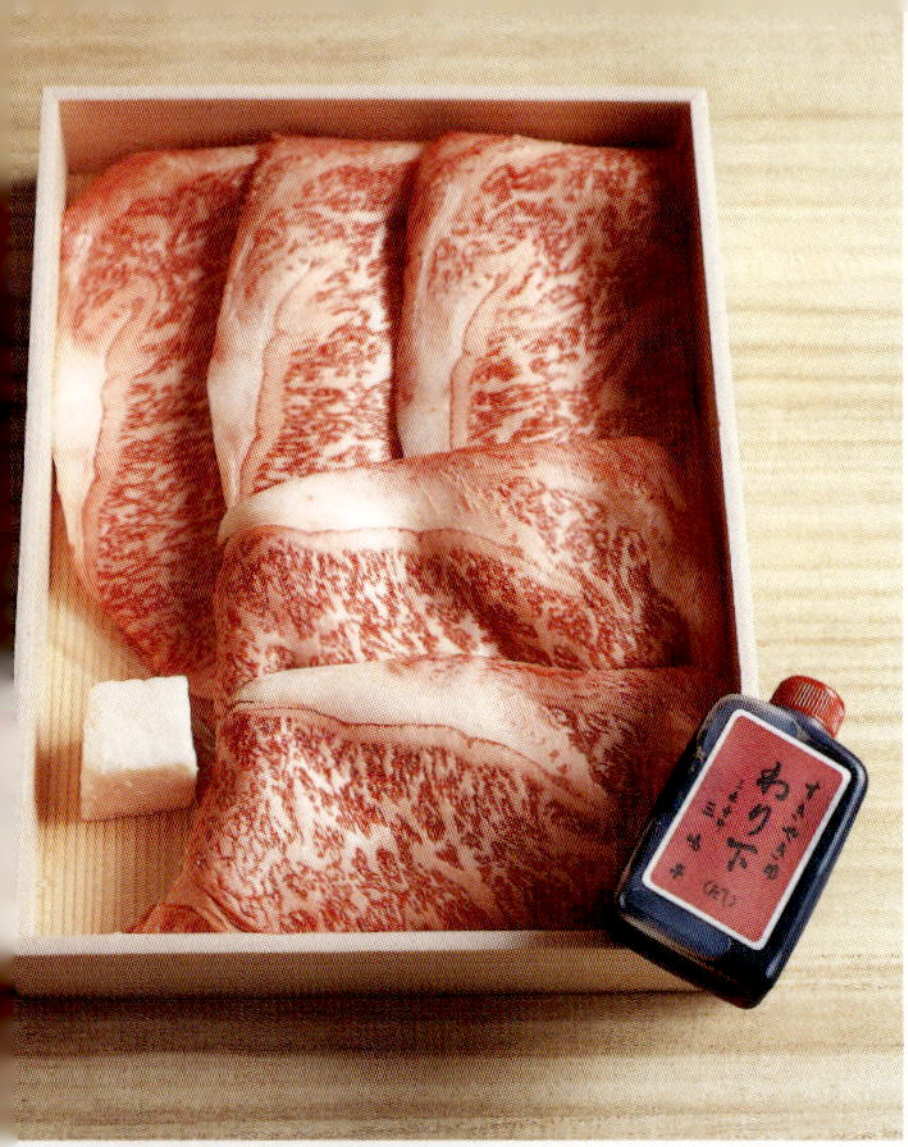

創業明治6年、すき焼きの老舗『三嶋亭』は、牛肉好きの京都人が、絶大な信頼を寄せる精肉店でもある。本店店長さん曰く、

「毎日、その日最高の黒毛和牛を産地にこだわらず仕入れることが、高い肉質を保つ秘訣やと思います。当店のすき焼きは、昔ながらの電熱器コンロで鍋を熱し、砂糖を広げて肉を一枚焼き、わり下で味付けて、まず肉の旨みを充分に味わっていただきます。それから、玉ねぎ、九条葱、糸こん、麩、三つ葉を。三嶋亭のすき焼きは、最初の砂糖が特徴なんです」

三嶋亭のすき焼きを家庭で堪能するなら、味の決め手となる、秘伝のわり下付きセットを選びたい。

すき焼き用リブロース（わり下付き800ｇ1万8900円／送料別／冷凍）
消費期限／製造日より4日間

柏井 壽さんがすすめる理由

筋金入りの牛肉好きで知られる京都人にとって、一番のご馳走はやっぱり「すき焼き」。地元の誰もが知る、「三嶋亭」の肉なら胸を張って客人に出せる。そのうえ、創業以来の味わいを守る割り下がついてくれれば、簡単に憧れの高級すき焼きが楽しめる。

三嶋亭
京都のみならず、日本のすき焼き店の草分けでもある老舗。しつらいのひとつひとつにも、文明開化の香り漂う高級店。
〒604-8035京都市中京区寺町三条下ル桜之町
☎075-221-0003　FAX 075-221-0842
㊇9時 ～17時　㊡ 水曜

胡麻豆腐●阿じろ

妙心寺御用達の本格精進料理
味わいの違いを楽しむ胡麻豆腐2種

妙心寺の門前にある「阿じろ」は1962年創業と歴史は浅いが、京都の精進料理の代表的な店としてその名を知られる。手ごろな値段で、生臭ものを一切使わない、ホンモノの精進料理が楽しめる。

「葛と胡麻が原料の胡麻豆腐は、うす味をつけてありますが、添付のたれやわさび醤油で召し上がるのが一番です。この夏、新発売の『厳選胡麻豆腐』は、選び抜いた材料を使い、そのまま召し上がっていただけるよう味をしっかりめにつけました。お好みで、料理に合わせてどうぞ」

と、主人の妹尾吉規さん。黒胡麻のマーブル模様が美しい雲竜豆腐や、湯葉風味の湯葉豆腐など、独自の胡麻豆腐も味わってみたい。

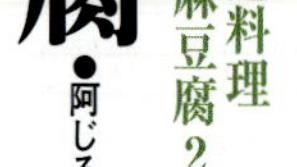

左）胡麻豆腐（190ｇ／1個336円）　右）厳選胡麻豆腐（190ｇ／1個630円）　いずれも送料別　消費期限／製造日より3日間（要冷蔵）

柏井 壽さんがすすめる理由

茶懐石と並んで、京料理の根幹を成すのは精進料理。「阿じろ」の惣菜は、その片鱗を手軽に味わえる。吉野葛を使うなど素材にこだわった「厳選胡麻豆腐」は、味付けいらず。逆に従来の「胡麻豆腐」は淡い味付けゆえ、黒蜜をかけて甘味として楽しむ手もある。

阿じろ
臨済宗妙心寺派の大本山「妙心寺」の料理方を務める、一切魚や肉を使わない、本格派の精進料理店。ヘルシーな惣菜類も人気。
〒616-8057京都市右京区花園木辻南町27ー1
☎075-462-4673　FAX 075-464-9907
㊇9時～17時　㊡ 不定休

すっぽん味噌●さか本

祇園白川の名割烹で評判の味
滋養と旨みたっぷりのなめ味噌

すっぽん味噌(約170ｇ2100円／送料別)　賞／到着後冷蔵庫で1ヶ月

祇園北の白川あたりは、蒸し暑い夏、さらさらと流れる澄んだ水と青々とした木々がまことに涼しげで、最高のロケーション。さか本は、この白川沿いに位置する割烹で、景色をより楽しめる昼も営業している。ここの定番の味であり、手土産としても人気なのが「すっぽん味噌」だ。大将の阪本馨介さんは、

「すっぽんの血、肝、肉やら全部を練りこんだ、栄養たっぷりの甘みのあるなめ味噌です。まったくクセがないので、すっぽんが苦手といわはる方にも好評なんです。そのまま酒の肴に、ごはんのお友に。店では、賀茂茄子田楽、ふろふき大根にもつこてます」

と話す。

柏井 壽さんがすすめる理由

高級食材のすっぽんを惜しみなく練りこんだなめ味噌は、他にあまり見かけぬ滋養豊かな一品。老若男女の別なく味わえる優しい味で、器もまた洒落ている。酒よし味よし居心地よし。是非一度足を運びたいそんな割烹の味を、取り寄せてしばらく楽しめるとはありがたい。

さか本

芸妓舞妓が行き交う姿を白川越しに望む「割烹さか本」は京都割烹界の草分け。

〒605ー0085京都市東山区大和大路四条上ル末吉町東EFビル1F

☎075-551-2136　FAX075-525-0106

㊫FAXのみ、24時間対応　㊡不定休

鰹節と昆布セット●吉兆

吉兆仕込みの出汁がひける！
最高級の鰹節と昆布を買う贅沢

京都吉兆は名勝地嵐山に本店を構える別格の高級料亭だ。お取り寄せ限定の鰹節と昆布をセットで買うと、和食のいのちである出汁をひくための、オリジナルの手引書がついてくる。その通りに出汁をひけば、吉兆の味を家庭でも楽しむことができる。

「昆布は北海道の天然真昆布。鰹節は、鹿児島の枕崎と山川で、私共の思いをわかっていただける生産者さんを選んで、特別に作ってもらっているものです。商品は、そのまま調味料としても使っていただけるように、店で使うものより薄く削っております。ふだんのお料理に加えるだけで、お味がぐんとよくなりますよ」

との店の話からも、そのこだわりが伺える。

柏井 壽さんがすすめる理由

京都に住まいながらも、中々訪ねる機会には恵まれない超一流料亭の「吉兆」だが、全てに完璧を期すこの店の基本は出汁。吉兆の味をつくる昆布と鰹節を使えば本物の味がわかる筈。料理好きの友人に贈れば間違いなく喜ばれる、シンプルを極めた一級品だ。

京都吉兆嵐山本店

日本を代表する名料亭「吉兆」はVIP御用達。なかでも京都嵐山本店は、最大限のもてなしのため前日には予約が必要という。

〒616-8385

京都市右京区嵯峨天竜寺芒の馬場町58

☎075-881-1101　FAX 075-881-5298

㊫11時 ～20時　㊡水曜

吉兆削り鰹節（100ｇ3150円）
吉兆出汁昆布（100ｇ3150円）
いずれも送料別

目で涼み、舌で涼む「とっておきの夏スイーツ」

したたり・亀廣永

祇園囃子がにぎやかしい京の町
菊水鉾由来の涼菓したたりの季節

したたり（1棹1050円／発送は2棹〜、送料別／祇園祭前後や年末年始は来店のみ、発送不可） 賞／製造日より10日間

亀廣永
文化元年創業の老舗「亀末廣」よりのれんわけされて以来、70年余。祇園祭の際に菊水鉾に献上する銘菓「したたり」が有名。
〒604-8116 京都市中京区高倉通蛸薬師上ル和久屋町
☎075-221-5965
㊛9時〜18時 ㊡日祝日

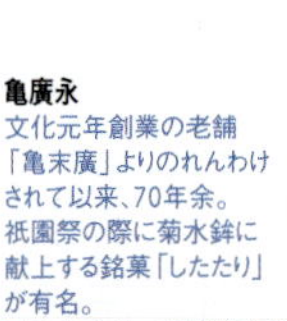

京都、文月といえば祇園祭。このひと月は、祭りへの高揚感とともに始まり、終わる。祭りの花形である山鉾のひとつ「菊水鉾《きくすいほこ》」が、巡行前の茶席で出す菓子が「したたり」だ。

創業200年余の亀末廣からのれんわけされた「亀廣永」は、1936年の創業。当代の西井新太郎さんが祭り菓子として献上するため、黒砂糖を加えたこの涼しげな琥珀《こはく》かんを1970年に考案し、口コミだけで評判が広がっていった。今は店にとっても、一年で一番忙しい時期である。

「したたりは、ちょうど夏の暑いときですさかい、みなさんに冷たいお菓子をお出ししようと考えて作ったんです。要望が多くて、今は年中作らせてもうてます。これのこだわりはね、楊枝をいれても割れへんところなんです。どうやって作るのかって？ それは企業秘密ですわ(笑)」

キーンと冷やして、透明感ある甘さを味わいたい。

柏井 壽さんがすすめる理由

黒砂糖や水飴を煮詰め寒天で固めたこの菓子は、ひんやりと口に涼しく、祇園さんの熱気を冷ます。透き通る琥珀色と、つるん、ぷるんとした食感はしたたり独特のもの。通年買えるが、やはりこの季節になると食べたくなる、そして人に贈りたくなる魅力がある。

竹流し羊羹・二条駿河屋

本家伝来の、由緒正しき水羊羹
涼しげな竹かご入りは最高の贈り物

竹流し羊羹（1本357円・竹かご入りあり／発送は5本～、送料別／4月～9月中旬限定）賞／製造日より5日間

二条駿河屋

京都一の老舗、駿河屋から暖簾分けを許され70年余。丸めた粒餡を、糖蜜でコーティングした京銘菓「松露」で名を馳せる和菓子店。

〒604-0026京都市中京区二条通新町東入ル
☎075-231-4633
FAX 075-231-4633
(受)9時 ～18時
㊡日祝日（注文予約は別）

創業５４０年余、京都の和菓子屋でも群を抜く老舗である「総本家駿河屋」は、日本初の練り羊羹を作り、秀吉公に献上したという。駿河屋からのれんわけを許され、昭和10年に創業した「二条駿河屋」は、その匠の技を伝承し、由緒正しき和菓子づくりを標榜《ひょうぼう》する。茶人好みの半生菓子「松露」が代表銘菓だが、夏だけの「竹流し羊羹」は、おつかいものにぴったりだ。当主の甲和憙さんは、

「水羊羹は比較的新しいお菓子で、戦後から人気が出てまいりました。いろんな製法がありますが、ウチみたいに寒天だけを使って、昔っからのやりかたで水羊羹を作る店は、少のうなってます。そやけどやっぱり、水羊羹は寒天で作らなあきません。(寒天の)くせを殺して、しなやかさを出す。これが、コツですわ」

と、菓子作りへの思いを語ってくれた。

柏井 壽さんがすすめる理由

桜が終わった頃から中秋の名月の頃までと、季節を限って売り出されるからこそ食べたくなる。あっさりした甘みに、青竹の爽やかな香りが移り、口の中に涼風が吹く。夏の盛りのおもたせには、涼しげな竹かご入りがいい。冷蔵庫ではなく氷で冷やして食べたい。

古き佳きものを守りつつ、前に一歩
創意にあふれた限りなく淡い水羊羹

涼一滴

●紫野源水

主人の井上茂さんは、実家である創業190年余の老舗「源水」で腕を磨き、創作菓子を作りたいという思いもあって、のれんわけを果たした。創業当初から作り続けている夏だけの銘菓『涼一滴』は、その代表作だ。

「大徳寺さんに近いこともあって、夏に涼を呼ぶ、何か精進的なものをと考えたんですわ。そして生まれたのが、白小豆に胡麻の組み合わせ。定番の小豆のほうと同様、やわく淡く作っております。器はいろいろ試して、一番持ちやすくて、あとも使っていただけるようにと選んだ小さ目の煎茶椀。常連さんは、器がたまって困ると言いはりますけど」

と、井上さんは笑った。

柏井 壽さんがすすめる理由

並居る涼菓の前に颯爽と現れ、他にない創作性と実用性と味わいで、都中にその名を知らしめた「涼一滴」。特に、胡麻豆腐からヒントを得たという爽やかな胡麻風味の白小豆の水羊羹は出色。食べた後の小さな煎茶碗も重宝し、先様に喜ばれること請け合いだ。

涼一滴（6個入2800円／送料別／5月～9月中旬限定） 賞／製造日より4日間

紫野源水
洛北紫野の住宅街に小体な店を構え、
比較的浅い歴史ながら、季節の生菓子や得意の
創作和菓子がお茶席に、おもたせに人気を博す。
〒603-8167京都市北区北大路新町下ル西側
☎075-451-8857　FAX 075-451-8867
㊫9時30分 ～18時30分　㊡ 日祝日

閑静な住宅街にひっそり佇む甘味処
清涼感あふれる「水と豆」の三重奏

京しぐれ

●宝泉堂

プロ向けに餡や小豆を卸していた「宝泉堂」が2003年に満を持してオープンしたのが、甘味処「ほうせん」だ。作りたての和菓子を、立派な数寄屋造りのお屋敷でいただくことができるとあり、多くの観光客が足を運ぶ人気店となった。

「京しぐれは、地下からくみ上げた天然水を砂糖と寒天だけで固めたものと、丹波産黒大豆、大納言小豆、白小豆の3種の豆を、それぞれ炊き上げたものとのセットです。寒天に、お好きに豆を散らしてください。豆が残ったら、お茶請けに」

と、当主の古田泰久さん。ほろっとくずれて甘露のしずくとなる、美しく透明な寒天と合わせ、豆の味わいの違いを楽しんでほしい。

柏井 壽さんがすすめる理由

透明でやわらかな京都の地下水を、ほのかな甘みのゼリー風寒天に仕上げた「水」の美味しさ。さらっと甘さ控えめに炊き上げた、丹波産小豆、白小豆、黒大豆の「豆」の美味しさ。シンプルを極めたここだけの美味は、単品もよし、好きに組み合わせてもよし。

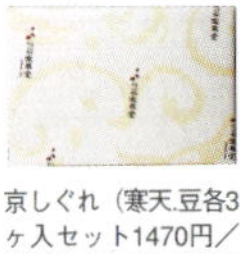

京しぐれ（寒天.豆各3ヶ入セット1470円／送料別／5～9月末限定）賞／製造日より21日間

宝泉堂
よく手入れの行き届いた日本庭園を
眺めながら、季節の和菓子を
食べられる甘味処「ほうせん」も人気。
〒606-0815 京都市左京区下鴨膳部町21
☎075-781-1051　FAX 075-712-0947
㊫9時～17時30分　㊡ 日祝日（ほうせん㊡水曜

フルーツ&ゼラチン100%ゼリー
フルーツショップだからこその美味

フルーツゼリー●クリケット

クリケットゼリーの特徴は、ホイップした生クリームを乗せ、果肉が残るフタを絞って、果汁をゼリーにしたたらせていただくことにある。このひと手間が、他のゼリーとは一線を画する、スキッとしたみずみずしさとコクを生む。

「クリケットゼリーは生きているんです。ひとつひとつ毎日手づくりしており、常温においておくとゼラチンが溶けて液状になってしまいます。お好みでブランデーやリキュールを少々ふると、大人の味になります」

と店長の早崎さん。他にレモンとオレンジ、季節により他の果物のゼリーもある。

柏井 壽さんがすすめる理由

グレープフルーツの果肉をくり抜き、果汁をゼリーにして皮に流し込んだ冷菓は、丸ごと一個、という贅沢感も相俟ってギフトに最適。果汁を絞る食べ方のアイデアも素晴らしい。

フルーツパーラー　クリケット
〒603-8345京都市北区平野八丁柳町68-1　サニーハイム金閣寺1F
☎075-461-3000　FAX075-461-3000
受 平日10時～19時／日祝10時～18時　休 火曜日
フルーツゼリー（各種1個630円／送料別）　消費期限／製造日より4日間

上質な甘栗で変わらぬ人気の老舗
専門店がつくる栗の風味豊かな冷菓

栗あいす●林万昌堂

130年余の歴史を持ち、京都人なら知らぬものはいない甘栗専門店。粒の大きさが揃うよう現地で厳選して仕入れてくる栗は、木箱におさまれば、つやつやと、さながら茶色く輝く宝石のよう。「栗あいす」は、そんな老舗の新機軸だ。

「夏にも美味しい栗を食べていただきたいと思い、アイスクリームを作ったんです。甘栗をペースト状にしてバニラアイスに乗せたタイプ、そして甘栗のツブツブをバニラアイスの上に散らしたタイプの2種類があります。もちろん、ベースにも甘栗をたっぷり使っていますよ」

と、社長の林雅彦さん。

柏井 壽さんがすすめる理由

出来立てほくほくが旨い甘栗。その栗を冷菓に仕立てて趣をがらりと変え、一味違う美味しさを楽しめる。食感の違う2種があり、飽きさせない。食べる直前に冷やした甘栗を添えると、洒落ている。

林万昌堂
〒600-8003　京都市下京区四条通寺町東入ル御旅宮本町3番地
☎075-221-0258　FAX075-256-5767
受 10時～20時30分　無休
栗あいす（120ml300円／5個セットから、送料別／冷凍）　賞／なし

地元に愛され続ける老舗洋菓子店
しっとりもっちり、玉露が香るカステラ

玉露かすていら●バイカル

「バイカル」は、閑静な住宅街下鴨に本店を置く。初夏の限定商品「玉露かすていら」は、「しっとり・ふんわり」の食感と、抹茶にはない軽やかでやわらかな茶の風味が特徴だ。

「よくある抹茶ではなく、京都らしくほかにないものをと考えた結果、最高級宇治玉露という素材にたどりついたんです。茶葉を極めて細かく挽いて、香りや旨みを損なわないように焼き上げました。米粉を加えることで、独特のもちっとした食感が出るんですよ。冷やしても固くならず、フレッシュな味がよりひきたつので、お試しください」（広報・井上さん）

柏井 壽さんがすすめる理由

食傷気味にも感じる抹茶ではなく、希少な最高級宇治玉露をふんだんに使い、底には細かい緑の茶葉が沈む。大きすぎないサイズはひとりやふたりにもってこい。

バイカル
〒606-0862京都市左京区下鴨本町4-2
☎075-701-8161　FAX075-712-3953　受 9時～21時　休 元旦
玉露かすていら（1本882円／送料別／4月半ば～6月末限定）
賞／製造日より約7日間

取材・文／白木あきこ　フードスタイリスト／浜田峰子（レプロエンタテインメント）　撮影／三木麻奈（商品）、星野佑佳（店舗）

岸 朝子さんが選んだ
美味お取り寄せ帖

添加物や合成保存料などは使用せず、
味にももちろんこだわって
丁寧に作り上げたものだけを扱う「セコムの食」。
その中から美食を知り尽くす
岸朝子さんが、夏の贈り物にも
最適な食品を選りすぐって紹介。
一個人のホームページかフリーダイヤルに
問い合わせ、ぜひ一度お試しください。

撮影／村林千賀子　スタイリング／伊豫理恵
料理／前田直子（以上so planning）
撮影協力／かまわぬ代官山店（☎03-3780-0182）

一個人通販 1

全国からお取り寄せできます

写真提供／アマナイメージズ

岸朝子流　先様に喜ばれる贈り物

うなぎや鯛など良質なたんぱく質や、お茶漬、麺などを一言添えて

夏本番。湿度が高く蒸し暑い季節は食欲がなくなりがちですが、昔から伝えられる先人の知恵を生かしましょう。

　土用の丑の日に夏やせによしというもので「むなぎとりめせ」と万葉集にある大伴家持の歌にあるうなぎをはじめ、「鴨ロース」、「鯛ごまたい」や「具だくさんちまき」など、まず良質なたんぱく質をしっかりとれるものが、冷蔵庫または冷凍庫にあると嬉しいですね。みそ汁とともに朝ごはんに欠かせない干物や西京漬、食欲をそそる甘酢らっきょうも夏こそおすすめ。夏の定番メニュー、カレーライスには欠かせません。

　日本の夏といえば冷やぞうめんもありますね。氷水に浮かして食べる冷やしうどんもよいけれど、ピリッとアクセントがきいた「養々麺」も贈って喜ばれるお味です。

「お元気で爽やかな秋をお迎えください」と一言添えてお贈りしましょう。

Profile

きしあさこ／料理記者歴53年。『栄養と料理』編集長を10年間務めたのち、1979年㈱エディターズ設立。料理、栄養に関する雑誌や書籍を多数企画、編集。近著に「ごはん力！」「こどもに恥をかかせない食事のマナー」（ともに岸朝子・葛恵子著／マガジンハウス）。

一個人通販

岸朝子さんが選んだ 美味お取り寄せ帖

目次

セコムの食

セキュリティのプロであるセコムが、「生活全般の安心をご提供する」という基本理念をもとに、人の命の糧となる食品の分野に着目。10年以上前に通信販売システムとしてスタートしたのが「セコムの食」。素材のおいしさを活かした安心で安全なおいしい食を全国各地から探し提供。多くの方たちに信頼され、好評を得ている。

＊ マークの説明

冷 冷蔵配送　冷蔵便にてお届け

凍 冷凍配送　冷凍便にてお届け

滋賀県長浜市

鴨ロース

生でも食べられる新鮮な鴨肉の旨味をじっくりと焼き上げて凝縮

古くから鴨漁がさかんで、「鴨の本場」と言われる滋賀県長浜。そんな長浜で、鴨本来の風味を守り続ける「一湖房」の鴨ロースは、こだわり抜いた厳選の逸品として評判を呼んでいる。

使用する鴨は、京都で契約飼育されたチェリーバレー種のみ。生で食べられる新鮮なものを使っている。

丁寧に下ごしらえをした後、皮の部分のみを焼いて徹底的に余分な脂を落とす。生の状態で手のひら大だった鴨肉は焼き上がった後は、こぶし大にまで小さくなっている。

旨味が凝縮した鴨肉は、天然利尻昆布などで作ったコクのある特製だし醤油と相まって極上の味わい。

たっぷりの白髪ネギとともに、またトーストしたパンに、薄く切った鴨ロースとオニオンスライスをはさむのもお薦めだ。

滋賀県長浜市

商品名
A 鴨ロース2袋
商品番号 20147 ¥4,480（税込）

商品名
B 鴨ロース3袋
商品番号 20148 ¥6,720（税込）

冷
冷蔵配送

- お届け内容：鴨ロース約190g A 2袋　B 3袋
- 原材料：合鴨肉（京都産）、醤油、酒、味醂、砂糖、昆布、鰹節、鯖節、柚子、酢
- 保存期間：冷蔵で2週間

手ぬぐい（丸菊）￥945／かまわぬ代官山店

山形県高畠市

片平さんの金賞ソーセージ

無投薬飼育の天元豚で無添加で作った金賞ソーセージ

パリッとほおばると、まろやかな豚本来の味わいが口に広がり、思わず「旨い！」とうなってしまう。ドイツの食肉コンテストで金賞を受賞するほどの旨味がつまったソーセージを作りだしているのは、山形県高畠市の薫製職人、片平啄朗さん。「わが子にも安心して食べさせられるものを」という理念のもと、結着剤や発色剤などの添加物は一切使用していない。また材料の豚は、米沢市で無投薬飼育された天元豚のみだ。

ジャパーン、あら太、チーズ、ガーリックペッパーの4種類のセット。ビールやワインのおつまみに、また冷めても旨味をたっぷりと感じられるのでお弁当にも最適。

山形県高畠市

商品名

片平さんの金賞ソーセージ

商品番号 60053　¥3,900（税込）

冷 冷蔵配送

- お届け内容：ジャパーン4本（150g×2袋）、あら太4本（150g×2袋）、チーズ4～5本（110g）、ガーリックペッパー4～5本（110g）
- 原材料：豚肉、チーズ、玉葱、塩、香辛料 醤油、酒、砂糖、乳糖
- 保存期間：冷蔵で2週間

手ぬぐい（菊）¥945／かまわぬ代官山店

佐賀県有田町

鯛ごまたい

玄海灘の天然鯛を贅沢に使用 お茶漬けに、丼に、おつまみに！

玄界灘で獲れた新鮮な真鯛ならではの歯ごたえと、秘伝だれの胡麻の旨味が相まった逸品。

九州、相ノ浦漁港に水揚げされる天然鯛の中でも、特に身の締まったものを厳選し、歯ごたえを残すため厚めに切り、特製のごまだれに漬け込んだ「鯛ごまたい」。佐賀県西松浦郡有田町にある「割烹　新松」の看板メニューだ。店主の松本正範さんのお父様が大病を患った際、「元気な父親の姿が見たい」と松本さんが縁起のいい鯛と栄養価の高い胡麻とを組み合わせたことでできたのが由来。炊きたてホクホクの白いご飯の上に乗せてもよし、だし汁をかけたお茶漬けにするにもよし。もちろん、お酒のあてにも。

佐賀県有田町

商品名

A 鯛ごまたい 1パック（簡易包装）

商品番号 30632　¥3,150（税込）

商品名

B 鯛ごまたい 2パック

商品番号 30633　¥6,150（税込）

凍

冷凍配送

- お届け内容：天然鯛の胡麻だれ漬け（天然鯛約200g、胡麻だれ約150g）A 1パック B 2パック
- 原材料：天然鯛、醤油、砂糖、胡麻、清酒
- 保存期間：冷凍で1カ月間

島根県浜田市

とっても贅沢な朝食の干物

稀少な高級魚・のどぐろを天然塩で干し上げた贅沢な品

まろやかな甘みがあり脂が乗った稀少な魚、のどぐろ（赤むつ）。のどの辺りが黒いことから命名されたこの高級魚の中でも、山陰から下関沖で獲れたものを低塩水にさっと漬け込んだあと、のどを開いて丁寧に干し上げている。

身は、焼いてもふっくらと柔らかく、ジューシー。小ぶりな食べきりサイズなので、リーズナブルだが、上品な味わいを十分に楽しめる。

朝の食卓に並べば、高級旅館の朝食のような特別感に浸れること間違いない。皮をパリッと香ばしく焼けば、お酒の最高のあてになる。

日常のちょっとした贅沢を味わわせてくれる一品だ。

島根県浜田市

商品名

朝食の干物（のどぐろ）

商品番号 40705　¥4,350（税込）

凍 冷凍配送

- お届け内容：赤むつ（小）×9枚
- 原材料：赤むつ、塩
- 保存期間：冷凍で1カ月間

手ぬぐい（菊）¥945／かまわぬ代官山店

東京都

海老のマカロニグラタン

化学調味料、添加物不使用
家庭で帝国ホテルの味を再現！

　帝国ホテル伝統の味を家庭に届ける食品メーカー、インペリアルキッチンのマカロニグラタン。ぽってりとしたホワイトソースは、見た目からは想像もつかないほど滑らかな舌触り。モッツアレラチーズをふんだんに使用し、ソースには海老の蒸し汁を加えるなど豊かなコクがありながら、ストレスのない上品な味わいが特徴だ。

　化学調味料、添加物は一切使わず素材本来の味わいを追究するため、調味料にはとことんこだわったという調理長の木下仁さん。試行錯誤を重ねていきついたのが、洋食で使用するのは珍しい魚醤。隠し味として加えることで、冷凍食品とは思えない味の膨らみが生まれている。

東京都

商品名

海老のマカロニグラタン 8個

商品番号 00091　¥3,660（税込）

凍 冷凍配送

- お届け内容：海老のマカロニグラタン200g×8個
- 原材料：牛乳、チキンブイヨン、エビ、マカロニ、小麦粉、植物油脂、ナチュラルチーズ、マーガリン、オニオンペースト、ブイヨンパウダー、生クリーム、塩、ホタテエキス、乳脂肪、脱脂粉乳、澱粉、発酵乳、香辛料、全粉乳、セルロース
- 保存期間：冷凍で1年間

手ぬぐい（木の芽）¥945／かまわぬ代官山店

京都府京都市

ほんまもんの西京漬

京都の味噌に厳選した魚を漬け込んだほんまもんの味

約200年前に京都御所の用命を受けて宮中の料理用として作られた西京味噌。他の地方の味噌に比べて塩分濃度が低く、まろやかな味わいが特徴だ。この西京味噌を京都の老舗に依頼し、そこに酒や醤油などを加えて旬の魚を漬け込んだ、まさにほんまもんの西京漬けだ。

魚は身のしまった厳選したもののみ。熟練の職人が、旬の魚を塩でしめて余分な水分を抜いたあと、味噌に丁寧に漬けこんでいるので、切り身のどこを食べても隅々までしっかりと西京味噌の味わいが行き渡っている。

そのまま焼いて食すのはもちろん、薄く小麦粉をつけてバターで焼いたり、かす汁の具としてなど楽しみ方はいろいろ。

京都府京都市

ほんまもんの西京漬

商品名

A ほんまもんの西京漬 6切セット

商品番号 00133　¥3,150（税込）

商品名

B ほんまもんの西京漬 8切セット

商品番号 00134　¥5,250（税込）

凍 冷凍配送

- お届け内容：A 鰆、銀鱈、紅鮭 各2切 計6切セット　B 鰆、銀鱈、紅鮭、金目鯛 各2切　計8切セット
- 原材料：<共通>西京味噌、砂糖、鰹エキス、清酒、塩、醤油、魚醤／<商品別原材料>鰆、銀鱈、紅鮭、金目鯛
- 保存期間：冷凍で3カ月間（解凍後、冷蔵で5日間）

手ぬぐい（渦巻き水色）￥840／かまわぬ代官山店

佐賀県江北町

十五穀米

イタリアスローフード協会
審査員特別賞受賞者の十五穀物米

健康食というイメージが強く味わいに満足感を得ることが少ない雑穀米。だが、この十五穀米は美味しい！

古代米を蘇らせたことで、2002年にイタリアのスローフード審査員特別賞を日本で初めて受賞した武富勝彦さんが、発芽玄米やモチキビ、ヒエなどをブレンド。通常のものよりも赤米や紫米の割合が多く、白米に混ぜれば、柔らかくて甘みがある炊きあがりに。色は、ほんのりとしたピンクで食欲をそそり、食卓に華も添えてくれる。

「食べ物こそが人の命と健康を支える大事なもの」という武富さんだからこそ生まれた、毎日おいしく食べられる健康にいい十五穀米といえる。

佐賀県江北町

商品名

A 十五穀米　500g

商品番号 30191　￥2,100（税込）

商品名

B 十五穀米　1kg

商品番号 30192　￥3,990（税込）

- お届け内容：十五穀米500g A 1袋　B 2袋
- 原材料：発芽玄米、緑米、紫米、押麦、赤米、胚芽押麦、丸麦、モチキビ、ヒエ、モチアワ、ハト麦、発芽赤米、焼き玄米、アマランサス、麻の実ナッツ
- 保存期間：冷暗所で1年間

※この商品は神奈川県からお届けします。

手ぬぐい(糸引き格子)¥840/かまわぬ代官山店

三重県尾鷲市

うなぎおこわ

丁寧に仕上げた鰻《うなぎ》の蒲焼きを おこわとともに一口でパクッ!

国産の中でも最上級の鰻と、佐賀産のヒヨクモチで作ったおこわを組み合わせた一口サイズの贅沢な逸品。

鰻は、水揚げ後4日間ほど地下水に打たせて身の締まった状態に。皮を丁寧にはぎ、炭火で白焼きにした後、蒸してふっくらとした蒲焼きに。おこわは、コシがあって風味豊かな餅米を大釜で炊き、蒲焼きと同じ無添加　無着色の特製タレを、まんべんなくたっぷりとしみこませている。

鰻とおこわという、ありそうでなかった組み合わせ。一口サイズにラップがされていて、ちょっと小腹が空いたときやパーティでなど、スナック感覚で頂けるのも嬉しい。

三重県尾鷲市

商品名

うなぎおこわ 12個

商品番号	価格
90411	¥5,400 (税込)

凍 冷凍配送

- お届け内容:うなぎおこわ約70g×12個、粉山椒×4袋
- 原材料:餅米、鰻(国内産)、醤油、味醂、砂糖、水飴、発酵調味料、糖蜜、澱粉、酵母エキス、山椒
- 保存期間:冷凍で2カ月間

奈良県御所市

具だくさんちまき

大きな干貝柱や上質な豚肉など上質な具材の旨味がたっぷり！

　ちまき好きが高じて全国のちまきを食べ歩き、遂には専門店をオープンさせた生産者の高橋孝次さん。そのこだわりは格別だ。具材は選りすぐりのものだけを使用。とろりとしたスーパーゴールデンポークや、北海道産の厚みのある干貝柱、ほっくりとした栗、そのほか干海老や干椎茸など、たくさんの具材の旨味がたっぷりと染み渡っている。干海老や干貝柱などの戻し汁もだしとして使い、香り高い風味を加えている。

　お取り寄せすると、冷凍した状態で届くが、蒸し器で蒸し上げるか電子レンジで温めると、ふっくらモチモチに。旨味たっぷりの香りとともに立ち上る湯気が食欲をそそる。

奈良県御所市

商品名

具だくさんちまき

商品番号 50543　¥4,850（税込）

凍 冷凍配送

- お届け内容：ちまき170 g×5個
- 原材料：餅米、豚肉、干貝柱、干海老、干椎茸、筍、人参、栗、白葱、土生姜、酒、醤油、砂糖、塩、ピーナッツオイル
- 保存期間：冷凍で1カ月間

鳥取県福部村

特別仕立ての甘酢らっきょう

国産ならではのシャキシャキ感！
ほどよい甘さで後を引く旨さ

国立公園でもある鳥取砂丘で生産されるらっきょうは、シャキシャキ感が特徴。養分の多い土の場合と違って、粒子が細かい砂地で育つと、養分を吸収しようと自ら必死で根を深く伸ばしていく。たくましく育ったらっきょうは、実がしまり、パリッとした独特の歯ごたえとなるのだ。色白で形が美しいのも鳥取産のらっきょうならでは。

収穫をするとすぐに手作業で茎と根を落とし、水洗い。その後、天然塩「海人の藻塩」と、有機ＪＡＳ認証のあきたこまち１００％で造った純米酢「米の酢」に漬け込む。上質な甘酢に漬け込み熟成され、味わいはまろやかに。らっきょうの香りも強すぎず、箸が進む。

鳥取県福部村

商品名

特別仕立ての甘酢らっきょう

商品番号 10073　￥3,400（税込）

- お届け内容：甘酢らっきょう150g×5袋
- 原材料：らっきょう、純米酢、砂糖、水飴、塩、酒味醂
- 保存期間：冷暗所で6カ月間

手ぬぐい（白蓮）¥945／かまわぬ代官山店

香川県小豆島

小西名人の古式手技うどん

小豆島の風土と職人技が奏でる自慢のコシがたまらない

古くから手延べ素麺の製造が盛んな香川県小豆島。その伝統を代々受け継ぎ、今も昔ながらの手延べ麺を作り続けている小西照行さん。真夜中に仕込みを開始、9つの工程をなんと約30時間もかけてコシの強い麺に仕上げていく、そのこだわりは、温度と湿度の影響を受けないよう、天気の良い日にしか麺をつくらないほどだ。

国産小麦と瀬戸内海の塩、それに強い粘りの加賀産の丸いも（山芋）を厳選して使用。伝統と職人技から生み出される手延べ麺は、ほのかに小麦の香りが漂い、もちもちしていながらもしっかりとしたコシがあるのが特徴。これからの季節は冷たくしていただくのも美味である。

香川県小豆島

商品名

A 小西名人の古式手技うどん3束（つゆ付き）

商品番号 00216　¥2,300（税込）

商品名

B 小西名人の古式手技うどん8束

商品番号 00217　¥3,600（税込）

- お届け内容：手延べうどん250g A 3束、ストレートうどんつゆ400ml×1本 B 8束
- 原材料：<麺>小麦粉、加賀産丸芋、天然塩、胡麻油／<うどんつゆ>丸大豆醤油、利尻昆布、土佐の本鰹、干椎茸、イリコ、干海老、砂糖、味醂、天然塩
- 保存期間：冷暗所で3カ月間

熊本県阿蘇市

ふかふかロールケーキ

雄大な自然が育んだ、ピュアな美味しさのロールケーキ

ふんわりと口溶けの良い生地と、フレッシュな生クリームが特徴のロールケーキ。生まれたのは豊かな自然に囲まれた熊本・阿蘇。この地でご主人とともに菓子店を営む中村仁美さんは、6年もの間阿蘇と東京を行き来しながら菓子作りに励んだそう。

お菓子の材料も地元産にこだわり、米粉はもちろん、放し飼いで育てられた鶏の卵、近くの牧場でとれる牛乳と、新鮮で良質なものを使用している。スポンジのほんのりソフトな甘さと、牛乳の豊かなコク、そこから生まれる絶妙なハーモニーはまさに、自然が生んだ賜物。

パティシエールのひたむきな思いと、自然の恵みが育んだ、ピュアなおいしさを堪能したい。

熊本県阿蘇市

商品名

A ふかふか ロールケーキ1本

商品番号 60081　¥1,980（税込）

商品名

B ふかふか ロールケーキ2本

商品番号 60082　¥3,800（税込）

凍 冷凍配送

- お届け内容：米粉ロールケーキ300g A 1本　B 2本
- 原材料：鶏卵、砂糖、米粉、牛乳、蜂蜜、生クリーム
- 保存期間：冷凍で1カ月間（解凍後2日間）

長崎県南島原市

養々麺

すべて国産素材！ カラダにやさしいあっさり和風麺

「添加物を使わずに美味しい食品をつくりたい」。九州の奥雲仙で古くからきのこ栽培に励んでいる、雲仙きのこ本舗。彼らのそんな思いから生まれたのが「養々麺」。地元の特産品である島原手延素麺を、試行錯誤しながら独自の乾燥技術を加えることで、コシが強く湯のびしない美味しい麺が誕生した。

麺には国産小麦粉と長崎産の天然塩、雲仙山麓の伏流水を使用。十分にこねた生地を低温で熟成させることで、しっかりとしたコシと旨味が生まれる。

スープは日高昆布のだし汁に、三陸沖の鰹節を入れるなど、とことん国産にこだわった逸品。具材として、自社栽培のきのこを添えているのもオツである。

長崎県南島原市

商品名

A 養々麺10食（きのこ付き）

商品番号 00206　¥3,150（税込）

商品名

B 養々麺20食（きのこ付き）

商品番号 00207　¥5,800（税込）

- お届け内容：麺約60g、きのこ具材約35 g、スープ、七味唐辛子、かやく（乾燥葱、ワカメ）A 10食　B 20食
- 原材料：＜麺＞小麦粉、塩、綿実油／＜スープ＞醤油、味醂、塩、鰹節、昆布、砂糖、発酵調味料、酵母エキス、鯖節／＜かやく＞葱、ワカメ／＜やくみ＞七味／＜具材＞エノキ、椎茸、キクラゲ、ナメコ、醤油、砂糖、発酵調味料、鰹エキス、水飴、塩、酵母エキス
- 保存期間：冷暗所で3カ月間

キビヤの天然酵母パン

国産の全粒粉で作る ずっしり詰まったパン

キビヤの前身は創業１９４８年の鎌倉の名店「たからや」。そこの天然酵母を引き継いだキビヤのパンは、いまや多くのファンの心をつかんでいる。

北海道や岩手産を中心とする国産小麦を石臼で挽き、天然酵母で発酵させてじっくり焼き上げた味わい深い逸品。カンパーニュは香ばしさが食欲をそそり、食パンはずっしりと重く、焼くと酵母のすっぱい香りが甘くなり、もっちりとした食感も魅力。

パウンドケーキも評判で、ほんのり大人の味のラムレーズン&クルミに、午後のひとときに味わいたいイチジク&紅茶は、全粒粉の食感が生きたおいしさ。

どちらも食卓をにぎわす常連となるだろう。

神奈川県鎌倉市

商品名

キビヤの天然酵母パン

商品番号 50551　¥2,800（税込）

- お届け内容：カンパーニュハーフ約260g、くるみパン約200g、レーズン食パン約310g、バジル約80g、食パン約290g、チョコ入りパン約100g、ラムレーズン&くるみのパウンドケーキ約60g、イチジクと紅茶のパウンドケーキ約60g各1個　計8個
- 原材料：＜共通＞小麦／＜商品別原材料＞クルミ、レーズン、バジル、チョコチップ、イチジク、紅茶、ベルガモット香料、砂糖、卵、自家製酵母、バター、ライ麦、ラム酒、白ワイン、塩、蜂蜜、ベーキングパウダー
- 保存期間：＜パウンドケーキ＞冷暗所で1週間／＜ほか＞冷暗所で5日間（到着後冷凍で1カ月間）
- 配送指定：不可

福岡県久留米市

宇治抹茶たっぷりのアイス

地元で長年親しまれている懐かしい甘味どころの味

創業以来、福岡県・久留米市の人々に愛されてきた甘味処が、頑なに守り続ける懐かしい味わいのアイス。牛乳、砂糖、抹茶というシンプルな素材が醸し出す素朴な風味に、香り高い宇治抹茶で味わいに深みを加えている。

さっくりとした食感を出すため、脂肪分の少ない牛乳を使用。そのため、口溶けのよいなめらかな舌触りを楽しめる。

また、抹茶アイスに丹波産大納言を、ふんだんに練り込んだ「抹茶大納言」は、小豆の程よい甘みが、抹茶のほろ苦さとうまみを一層引き立てる。

後をひかないさっぱりとした甘みが、さわやかなで上品な味わいは、普段甘いものを口にしない人こそ、試してほしい。

福岡県久留米市

商品名

A 宇治抹茶たっぷりのアイス10個セット（抹茶）

商品番号 20226　¥3,840（税込）

商品名

B 宇治抹茶たっぷりのアイス10個セット（大納言）

商品番号 20227　¥4,900（税込）

商品名

C 宇治抹茶たっぷりのアイス10個セット（抹茶／大納言）

商品番号 20228　¥4,370（税込）

- お届け内容:A 抹茶×10個
  B 抹茶大納言×10個　C 抹茶×5個、抹茶大納言×5個　計10個（抹茶:1個90g／抹茶大納言:1個100 g）
- 原材料:<共通>牛乳、砂糖、抹茶／<商品別原材料>大納言小豆
- 保存期間:冷凍で6カ月間
- 配送指定:必須

凍 冷凍配送

兵庫県西宮市

バウムクーヘン

ドイツ菓子の伝統を伝える熟練パティシエの技がぎっしり

本物のドイツ菓子の味を伝える菓子職人として、40年近くの経験を重ねてきた大隅稔雄さん。本場ドイツのハンブルクで学んだその技術は、日本在住のドイツ人の間でも評価が高いほど。

大隅さんが手がけるバウムクーヘンは、これまでのものの印象を覆す逸品。日本でも数少ない専用オーブンで、一層ごとに生地の状態を微妙に調整しながら、丁寧に焼き上げていくのだ。

「スタンダード」は、幾層にも重ねられた山型の部分の香ばしさと、谷型部のしっとりした食感のバランスが絶妙。ベルギー産バターを贅沢に使用した「クラシック」は、さらにシナモンパウダーを加えることで、より高い味わいに仕上がってる。

兵庫県西宮市

商品名
A バウムクーヘン スタンダード

商品番号 60701　¥2,980（税込）

商品名
B バウムクーヘン クラシック

商品番号 60702　¥5,560（税込）

冷 冷蔵配送　※季節によっては通常配送にてお届け。

- お届け内容：バウムクーヘン、ドイツ風サブレ付きA 約300g（紙箱入り）B 約500g（木箱入り）
- 原材料：卵、バター、砂糖、小麦粉、アーモンド粉、洋酒、塩／＜商品別原材料＞バニラビーンズ、シナモン、小麦粉澱粉、ローマジパン、生クリーム
- 保存期間：冷暗所で20日間

長野県佐久市

ピーカンナッツのヒット！なお菓子

カリッと香ばしい！止められないおいしさ

口に入れた途端、とろけるキャラメル風味にピーカンナッツの香ばしさ……秘密は丹精こめて作られた職人技にある。

アメリカで古くから親しまれているピーカンナッツ。お菓子作りによく使われ、クルミから渋みをのぞいたような味わいだ。

商品には、良質なピーカンナッツを使用。小鍋で少しずつ、ナッツの形がくずれないように気を配りながら、カラメルを絡めていく。冷ましたナッツに、溶かしたホワイトチョコレートを均一にかけ、最後にキャラメルパウダーとパウダーシュガーを丁寧にまぶす…と完成するまで半日以上の時間を費やす。

そんな努力は見せない、素朴な見かけもまた、味なものだ。

長野県佐久市

商品名

Aピーカンナッツのヒット!なお菓子お試しセット

商品番号 60693　￥2,480（税込）

商品名

Bピーカンナッツのヒット!なお菓子

商品番号 60694　￥4,200（税込）

冷 冷蔵配送　※季節によっては通常配送にてお届け。

- お届け内容：ピーカンナッツお菓子 A 50g×4袋　B 60g×6袋
- 原材料：ピーカンナッツ、砂糖、ココアパウダー、キャラメルパウダー（乳由来）、全粉乳、植物油脂、乳糖、乳化剤（大豆由来）、香料
- 保存期間：冷蔵で1カ月間

お申し込みのご案内

お申し込み方法

■ インターネットで

http://www.ikkojin.net/

＊ 24時間受付！ ホームページ上の申し込みページに必要事項を入力。

■ お電話で

セコムの食カスタマーセンター

0120-049-756

ご注文の際に、①お電話番号　②お名前　③郵便番号とご住所　④お申し込み商品番号　⑤お申し込み商品名と個数　⑥お届け先　の順でお伺いします。

受付時間：午前９時～午後６時（日曜、年末年始除く）但し6、7、11、12月は午前9時～午後８時（年末年始除く）

お支払い方法

■ クレジットカードで

●お電話でお申し込みの際は、お手元にカードをご用意され、お申し込みください。
●お支払いは一括払いでお願いいたします。分割払いはご利用頂けません。

ご利用いただけるクレジットカードの種類

VISA　MASTER　JCB　AMEX　UC　イオンクレジット　オリコ　ライフ　ダイナース

■ 代金引換（代引き）で

●代金は商品をお届けした配達員へ、商品と引換えに現金、もしくはクレジットカードでお支払いください。
●１回の代引きで、手数料315円が別途かかります。
●１回のお買上総額が30万円を超える場合と、ご注文商品が自宅以外へのお届けの場合、また代引不可商品の場合は、他の方法でお支払いください。
●複数商品をご注文の場合は、いずれかひとつの商品を御届けした際にお支払い頂きます。その場合、お支払いいただく商品をご指定頂くことができます。ご指定がない場合は、こちらで指定させて頂きます。

商品のお届け　ご注文確認後、約７日でお届け致します。

＊お急ぎの方は電話でお問い合わせください。＊商品によってはお届け希望日を指定できない場合がございます。＊諸事情により希望日に商品をお届けできない場合がありますのでご了承ください。＊お届け希望日時は余裕をもってご指定いただくことをお勧めします。＊商品配送などのために個人情報の取り扱いの一部を委託する場合があります。その場合は、その取り扱いを委託した個人情報の安全管理が図れるよう、委託を受けた者に対する必要かつ適切な監督を行います。

商品は各生産者からの直送配送となります。１度に２種類以上の商品をお申し込みいただいた場合は、個別のお届けとなりますのでご了承ください。また、生産者の休日などにより希望日にお受けできない場合があります。あらかじめご了承ください。

商品の交換・返品・返金　商品の性質上、交換・返品はお受けできません。

お問い合わせ
「セコムの食」カスタマーセンター　**0120-049-756**

ただし、配送中の事故によりお届けした商品に傷みや破損があった場合や、お申し込み商品と異なっていた場合には、交換・返品を承ります。なお、ご連絡は商品到着後3日以内にお願い致します。

配送料金

商品代金に配送料が加算されます。
お申し込みの際にご確認ください。

通常配送	¥580	（インターネットで申込みの場合　¥420）
冷蔵・冷凍配送	¥780	（インターネットで申込みの場合　¥630）

●北海道の商品を九州（沖縄を除く）にお届けの場合は、300円を上記料金に加算。●九州（沖縄を除く）の商品を、北海道にお届けの場合は、300円を上記料金に加算。●沖縄の商品を北海道にお届けの場合は、500円を上記料金に加算。●沖縄の商品を除くすべての商品を沖縄にお届けの場合は500円を上記料金に加算。
＊商品出荷地は、商品タイトルまわりに表示されています。

お願いとお断り

●品切れ、出荷遅れ／万一品切れ、出荷遅れが起こった場合は、ハガキまたは電話にてご連絡致します。
●商品写真／商品写真は実物を撮影・印刷したものですが、印刷技術上、色調が実際にお届けする商品と若干異なる場合があります。また、盛付け写真の食器等は商品には含まれません。
●本誌の内容は、2009年6月1日時点のものです。お届け内容、商品代金などに変更がある場合がありますのでご了承下さい。
●お申込先はセコム㈱となります。セコム株式会社 東京都渋谷区神宮前1-5-1

美味しいのはもちろん、安心で安全な食品を扱うことで定評の「セコムの食」の中から、料理研究家の岸朝子さんが酒の肴にぴったりな食品を厳選紹介。

岸 朝子さんが全国各地から厳選！ お酒が進む絶品の肴

ビールが進む！

宮城県仙台市

手作り無添加ソーセージ＆ベーコン

「美味しんぼ」でも紹介された安心で安全な極旨ソーセージ

発色剤や結着剤、化学調味料などを一切使わず、美味しさを徹底追究したソーセージ。黒豚ソーセージは鹿児島由来の純粋バークシャー種を１００％使用。いろいろな部位の肉を使っていて、黒豚の旨みを存分に堪能できる。ＳＰＦ豚を使用したベーコンは、ほどよく効いた塩味が特徴。ソーセージはボイルするか焼いて、ベーコンは薄くスライスし、油をひかずに中火でカリカリになるまで焼いていただくのがおすすめ。

製造担当の星野浩一さん。

手作り無添加ソーセージ＆ベーコン５袋
商品番号 40562 **冷蔵**
3,600円（税込）

■ お届け内容：黒豚ソーセージ３本（約115g）×1袋、ピュア プレーンソーセージ３本（約115g）×1袋、あらびきソーセージ３本（約115g）×1袋、ベーコンブロック 200g ×2袋
■ 原材料：<共通>豚肉（商品により黒豚もしくは SPF 豚）、塩<商品別原材料>天然羊腸、玉葱、砂糖、ニンニク、生姜、香辛料、胡椒 ■ 保存期間：冷蔵で３週間

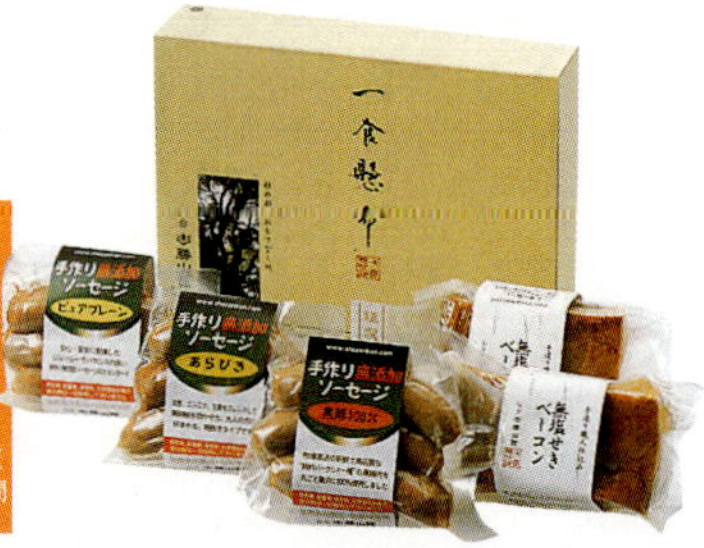

ふがねさんの特製豚ネギ味噌漬け4枚
商品番号 60075 冷凍
2,900円（税込）

- お届け内容：豚ネギ味噌漬け　1枚 100g　4枚
- 原材料：豚ロース、味噌、酒、味醂、長葱、唐 辛子
- 保存期間：冷凍で 50 日間

生産者の府金武一さんと伸治さん。

ビールが進む！　岩手県岩手町

ふがねさんの特製豚ネギ味噌漬け

ネギの香りが効いたジューシーで柔らかな特製味噌漬け

きめ細かくて柔らかく、脂肪に甘みがあると定評の、岩手県を代表するやまと豚。この旨さと風味を存分に楽しめるのが、府金武一さんが作る豚のネギ味噌漬けだ。

地元の老舗味噌蔵の特注味噌に、同じく地元の日本酒や味醂、長ネギなどを加えた特製味噌にじっくりと漬け込んだ逸品。豚肉は柔らかくて甘みがありながら、ネギの香りがきいていてすっきりとした味わい。一枚ずつ手作業で丁寧に切り落とされる肉は、しっかりとした厚みがあってボリューム満点だ。

熱したフライパンにサラダ油をしき、味噌を落とさぬまま両面をこんがり焼けばできあがり。あつあつのうちに頂けば、冷たいビールがグイグイ進む。お酒のお供に試して頂きたい。

日本酒が進む！

北海道礼文町

えぞばふんうに一夜漬け

若いうにだけを新鮮なうちに塩洗いし瓶詰めに

うにの産地として知られる、北海道・礼文島の香深。ダシ昆布として一級の天然利尻昆布を食べて育った「えぞばふんうに」は、赤みを帯びてコクがあり、しっとりとした味わい。7月前半までに収獲され、卵巣のまだ若いものだけを厳選、新鮮なうちに瓶詰めして急速冷凍したのがこの商品。礼文島の味わいをそのまま家庭で楽しむことができる。

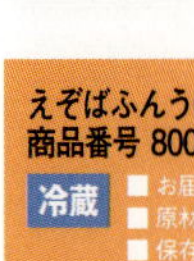

この道50年の生産者　加藤俤二さん。

えぞばふんうに一夜漬け
商品番号 80041　6,300円（税込）

冷蔵
- お届け内容：純粒うに 60g × 2瓶
- 原材料：エゾバフンウニ、塩
- 保存期間：冷蔵で1カ月間

日本酒が進む！

北海道札幌市

むらさきうにとあわびの一汐漬け

新鮮なうにとあわびの贅沢なコラボレーション

あわび独特の磯の香りと、コリコリとした歯触り、そしてまったりと絡むうにが贅沢な一汐漬け。北海道の南西部で獲れた新鮮なあわびとうにだけを使用し、他には塩しか加えていない、素材そのものの香りと味が詰まった逸品。たっぷりと入ったあわびには、うにの豊かな甘さがしみ込み、噛めば噛むほど香りと味わいが広がる。あわびとうにという贅沢な競演を、一杯傾けながら楽しみたい。

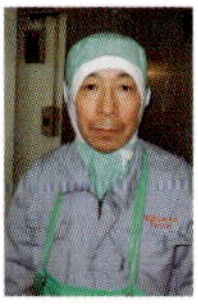

工場長の小俣吉満さん。

うにとあわびの一汐漬け
商品番号 30761 冷凍
5,800円（税込）

■ お届け内容：
うにとあわびの一汐漬け 60g × 2 瓶
■ 原材料：ウニ、鮑、塩
■ 保存期間：冷凍で 3 カ月間

 ※商品のお問い合わせはP151をご覧下さい。

※マークの説明 冷蔵 冷蔵にてお届け 冷マーク 冷凍 冷凍にてお届け

焼酎に、日本酒に

福岡県桂川町

大山さんの手作り明太子

着色料、保存料など添加物ゼロ
主婦が作った安心明太子

発色剤や着色料、保存料を使用する明太子が多いなか、「添加物は使いたくない」と、もともと主婦だった大山真理子さんが試行錯誤を繰り返し、完成したのがこの明太子。昆布をベースに鰹節でコクを与え、本味醂で味を整えて、仕上げに唐辛子を軽くまぶす。いたってシンプルな調味料で出来上がる大山さんの明太子は、素材の味が引きたっていて、程よい辛さが後を引く。

大山さんの手作り明太子 185g
商品番号 80551　3,360 円（税込み） 冷凍

■ お届け内容：明太子 185g（3～5本）
■ 原材料：スケトウダラの卵、昆布、塩、本味 醂、唐辛子、鯖節、鰹節
■ 保存期間：冷凍で1カ月間（解凍後3日間）
お届け日の時間はご指定できません

焼酎に、日本酒に

宮崎県日向市

みやざき地頭鶏炭火焼

厳選した地頭鶏の旨みが凝縮。
ピリっとしたスパイスでお酒が進む

山間部の広々とした環境で、4～5カ月手間をかけて飼育された宮崎の銘柄鶏「地頭鶏」のみを使用した炭火焼。特製スパイスになじませた後、一気に加熱して仕上げたその味は、締まった肉質なのに噛めばやわらかく、旨みをたっぷりたたえた味。ビールにはもちろんだが、ゆず胡椒を添えて焼酎とともに頂けば、本場、九州・宮崎の味を堪能できる。

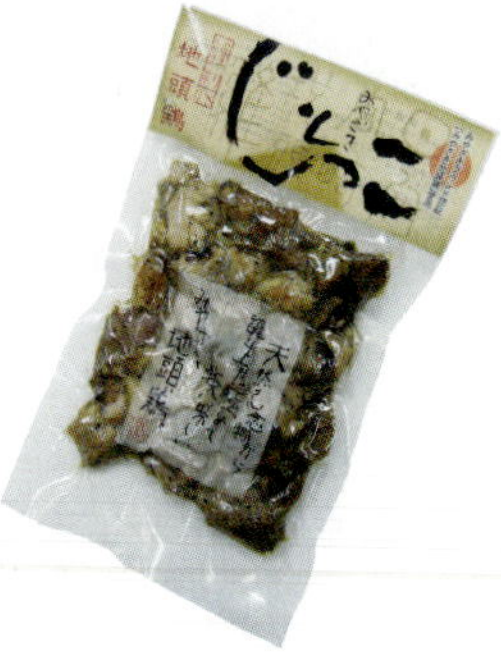

みやざき地頭鶏炭火焼 3 袋
商品番号 80561　3,460 円（税込み）

冷蔵
■お届け内容：みやざき地頭鶏炭火焼 140g 3 袋
■ 原材料：鶏肉、塩、香辛料
■ 保存期間：冷蔵で 2 カ月間

焼酎に、日本酒に

沖縄県与那原町

島豚のらふてー

豚の三枚肉をじっくり煮込んだ昔ながらの沖縄の味

沖縄産の島豚の皮付き三枚肉を、同じく沖縄産の泡盛や黒糖などの伝統的な調味料でじっくりと煮込んだ、沖縄風豚の角煮。余分な脂を落としつつ約2日間煮込んでいくことで、煮汁がじっくりとしみ込み、赤身も箸でほぐれるほどのやわらかさ。豚肉本来の旨みがしっかりと楽しむことができる。沖縄の伝統料理で、言うまでもなく泡盛との相性は抜群だ。

生産者の宇良秀二さん。

島豚のらふてー 2袋セット 冷凍
商品番号 60356　3,600円(税込み)

■お届け内容：らふてー約350g×2袋
■ 原材料：豚肉、砂糖(黒糖、上白糖)、醤油、味醂、泡盛、生姜
■ 保存期間：冷凍で2カ月間

シメにもぴったり!

京都府京都市

女将さんのちりめん山椒

口こみで評判を呼んだ、女将さんの手作りちりめん山椒

もともと京都の呉服問屋で女将をしていた生産者の中西迪子さんの手作りちりめん山椒。親しい方へのご挨拶に、配っていたものが「山椒の使い方が絶妙」と評判を呼び、店を構えたほど。じゃこは、九州産のきっちりと乾燥させたものだけを使用。山椒は一粒ずつ手摘みしたものを使ってふんわりと柔らかく炊き上げている。薄味のじゃことピリリと香る山椒が絶妙な味わいだ。

生産者の中西迪子さん。

ちりめん山椒　2袋
商品番号 20093　2,100円(税込み)

■お届け内容：ちりめん山椒80g 2袋
■ 原材料：国産チリメンジャコ、国産実山椒、醸造調味料、醤油、味醂、砂糖
■ 保存期間：冷暗所で20日間

ご注文方法

申し込み方法

■ インターネットで

http://www.ikkojin.net/　＊24時間受付！
ホームページ上の申し込みページに必要事項を入力。

■ お電話で

「セコムの食」カスタマーセンター
☎**0120-049-756**
受付時間　午前9時〜午後6時（日曜、年末年始除く）
6・7・11・12月は午前9時〜午後8時（年末年始除く）

お支払い方法

■ クレジットカードで

■ お支払いは一括払いで御願い致します。
分割払いはご利用頂けません。

■ 代金引換(代引き)で

■ 代金は商品をお届けした配達員へ、商品と引換えに現金、もしくはクレジットカードでお支払いください。
■ 1回の代引きで、手数料315円が別途かかります。

お願いとお断り

■ 本誌の内容は、2009年6月1日時点でのものです。お届け内容、商品代金などに変更がある場合があります。
■ お申し込み先はセコム㈱となります。
セコム株式会社　東京都渋谷区神宮前1-5-1
＊ お客様の個人情報は、当社で厳重に保管・管理し、商品のお届け・お問い合わせ・当社からのご案内にのみ利用させて頂きます。

商品のお届け

商品の性質上、交換・返品はお受けできません。ご注文確認後、約7日でお届け致します。お申し込みから7日後以降で個々の商品ごとに、ご都合に合う時間帯をご指定頂けます。＊商品によってはお届け希望日を指定できない場合がございます。

■ 商品の交換・返品・返金

商品の性質上、交換・返品はお受けできません。ただし、配送中の事故によりお届けした商品に傷みや破損があった場合や、お申し込み商品と異なっていた場合には、交換・返品を承ります。なお、ご連絡は商品到着後、3日以内にお願い致します。
お問い合わせ「セコムの食」カスタマーセンター
☎**0120-049-756**

■ 配送料金

商品代金に配送料が加算されます。お申し込みの際にご確認ください。
●通常配送／580円
（インターネットでお申し込みの場合／420円）
●冷凍・冷蔵配送／780円
（インターネットでお申し込みの場合／630円）
●北海道の商品を九州（沖縄を除く）にお届けの場合は、300円を上記料金に加算。●九州（沖縄を除く）の商品を、北海道にお届けの場合は、300円を上記料金に加算。●沖縄の商品を北海道にお届けの場合は、500円を上記料金に加算。●沖縄の商品を除くすべての商品を、沖縄にお届けの場合は500円を上記料金に加算。＊商品出荷地は、商品タイトルまわりに表示されています。

岸朝子さんの「絶品のお取り寄せ」直行便

Part1 神奈川

海の幸から、飲茶、コロッケなど多彩な美味！

横浜開港150周年で沸く神奈川県。中華やフレンチ、洋食など日本でいち早く広まったハイカラな味のほか、マグロ、シラス、梅干しと様々な美味が揃っている。

まぐろづくし

西　松

日本を代表するマグロの漁港、三崎。その地で明治23年に創業以来、廻船問屋を営んできたのが「西松」だ。まぐろ船の誘致から漁獲指導にはじまり、水揚げ、選別、加工までを一括管理している。お取り寄せすると、独自に開発されたパッケージで届き、ブランド化された「西松」の「三崎まぐろ」を新鮮なまま自宅で堪能できる。おすすめは、赤身、中とろ、まぐろのたたきがセットになった「まぐろづくし」。刺身やづけ、お寿司など様々に味わい尽くしたい。

「まぐろづくし」赤身
2サク（約170g）、
中とろ
1サク（約170g）、
まぐろのたたき
1パック（80g）×3枚 ¥5,400

三崎のまぐろにコロッケなどもう一度食べたい美味の数々

開港150年を迎えて祝賀ムードのイベントで沸き立つ横浜から三崎まで伸びる三浦半島は、東京湾と相模湾に挟まれ、相模湾沿いに小田原、箱根と続く都市は冬は温かく、夏は涼しいということで戦前から避暑地として多くの人たちに愛されてきました。横浜、横須賀には外国船の出入りも多く、横浜にはすき焼きの原点である牛鍋屋、中華料理店が軒を並べる中華街、おしゃれなファッションの店や家具店などに異国の空気を感じて戦前はよく通ったものです。また、父が金沢八景近くの海辺で牡蠣の養殖を行なっていた関係で毎年、夏は追浜《おっぱま》で過ごし、鎌倉、逗子、葉山など親戚の別荘を訪れた思い出の中に、電車というより汽車の中で食べた崎陽軒のシューマイ、鎌倉ハムのサンドイッチなどの味が忘れられません。

昔話はこのくらいにして、三崎のまぐろのおいしさは格別で、数年前に青背の魚、特にまぐろの頭を食べると頭がよくなるといった話が広がった折には、その丸焼きを隅々まで食べたこともありま

西　松

神奈川県三浦市三崎5-18-9
TEL:046-881-4127
FAX:046-882-6990
営 8:00～17:00
休 三崎の市場カレンダーに準じる
送料別途
代金引換／銀行振込
郵便振込／コンビニ払い

葉山コロッケ、メンチカツ

葉山 旭屋牛肉店

葉山の自然で育まれたブランド牛「葉山牛」。その高級牛と厳選した豚肉を、こだわりのジャガイモに混ぜ合わたコロッケは、素朴ながら肉の旨味がぎっしりと詰まったクセになる味わい。ソースや塩をかけてもいいが、ほどよく下味がついているので、そのままでも美味しい！あの石原裕次郎さんも愛した逸品だ。葉山牛や国産牛とタマネギの旨味がつまったメンチカツもおすすめ。衣がついた状態で届くので、食べる直前に揚げて、アツアツを頂きたい。

葉山 旭屋牛肉店

神奈川県三浦郡
葉山町堀内898
TEL:046-875-0024
FAX:046-876-0624
㊞ 9:30〜19:00
㊡ 水曜
送料別途
代金引換

葉山コロッケ
10個入り ¥700、
メンチカツ 5個入り ¥500

しそ巻梅干

ちん里う本店

ぽってりとした梅肉に小さい種、酸味の少ない味わいと、小田原の梅は上質だ。小田原北条氏の時代に城内や氏族屋敷に梅を植樹させられたことがきっかけとなり小田原は梅の名所、梅干しの名産地となったという。「ちん里う本店」は地元でも有名な創業明治4年の梅干しの老舗。「しそ巻梅干し」は、丹精こめて仕上げた梅干しひとつひとつに、手でしその葉を巻きつけたもの。丁寧な職人技が感じられ、大切に頂きたい逸品だ。

ちん里う本店

神奈川県小田原市栄町1-2-1
TEL:0120-30-4951
FAX:0465-23-2535
㊞ 9:00〜18:00
㊡ 第2水曜
送料別途
代金引換

「しそ巻梅干し」115g　¥945

す。まぐろなどの青背の魚にはDHAという不飽和脂肪酸が含まれ脳の発達や働きをよくするといわれます。三崎の町で食べたまぐろ丼は、また食べたくなる味。葉山のコロッケ、メンチカツも同様、揚げたてをほおばったときは驚きました。招福門のランチバイキング飲茶は、中華街でも一番の人気のようですが、私はこの店のふかひれのステーキが好物でみんなに宣伝しています。文京区の私の家から地下鉄三田線にのって途中横浜みらい線に接続する東横線にのると中華街に一時間足らずでつきます。その近くにあるレストランかをりは、フレンチレストランとして歴史も長く私も取材したことがあります。女主人が考案の桜ゼリーは塩漬けの八重桜の花の塩気を抜いてはちみつに漬けたもので、一枚ずつ花びらが開きしゃりっとした歯ざわりと香りがゼリーに残り、幸せな気分になります。

小田原といえば熱海の梅園、そして梅干しとかまぼこ。小粒のカリカリした梅干しやしそ巻き梅干しを土産に買い求めました。小学校の遠足で訪れた江の島ではさざえのつぼ焼きの香りに、心を奪われ、大人になったら食べようと心に誓いました。TV朝日の「裸の少年」の収録で先日訪れた折は、つぼ焼きのほかに伊勢えび丼を味わい、しらす干しやたたみいわしを土産にしました。野山の幸に恵まれた私たちの国は、周囲を豊かな海に恵まれた素晴らしい国ですね。

横浜中華街の中でも随一のフカヒレ専門店で、全35品の本格飲茶をフリーオーダーで食べられることでも人気の「招福門」。肉まんやチャーシューまんなどのまんじゅうや、餃子やシュウマイといった点心など、お取り寄せでも様々な種類をセレクトできるのがうれしい。フカヒレをたっぷりと使った「フカヒレまん」や、もちもちの皮の餃子、ぷりぷりのエビ焼売など、いろいろと取り寄せて、ご家庭で本格飲茶パーティを開いてみるのはいかがだろうか。

招 福 門

神奈川県横浜市中区山下町81-3
TEL:0120-68-2180
FAX:045-664-4181
営 10:30〜22:00
休 無休　送料別途
クレジットカード／コンビニ決済

フカヒレまん、肉まん、エビ蒸し餃子、ニラ焼き餃子

招 福 門

肉まん ¥1,260、大フカヒレマン ¥1,050、
海老蒸し餃子 ¥1,260、ニラ焼き餃子 ¥1,050

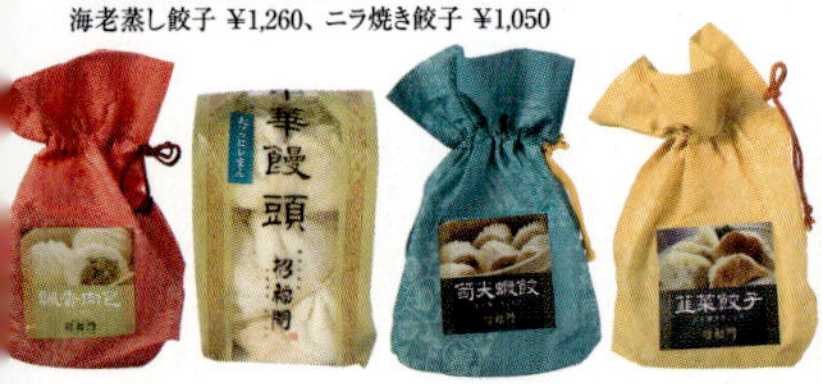

釜揚げしらす、たたみいわし

とびっちょ

江ノ島の島内に店を構える「とびっちょ」は、全国でも有名なしらす専門問屋。周辺で獲れたしらすを新鮮なうちに釜で茹で上げた「釜揚げしらす」は、この店の人気No.1。大根おろしと醤油のコンビネーションも絶品だが、とびっちょのご主人いわく、温泉卵や卵の黄身と合わせてポン酢で頂くのがおすすめ。生シラスを干した湘南発祥の干物「たたみいわし」は、少しあぶるだけで、絶品の酒の肴に。素朴で美味しい神奈川の海の幸を堪能したい。

釜揚げしらす 大パックセット 260g×2パック ¥2,200、たたみいわしセット 5枚×2パック ¥1,200、たたみいわし（のり）セット 5枚×2パック ¥1,400

とびっちょ

神奈川県藤沢市江の島1-6-7
TEL:0466-23-0041
FAX:0466-23-4414
営 11:00〜20:00
不定休
送料別途
代金引換／銀行振込

蜂蜜 野の花、みかん

関養蜂園

これぞ、本物の蜂蜜！ 雌である働き蜂が、横須賀の豊かな自然に咲く季節の花からとった蜜を、人工的な甘味料などを一切加えずにつくりあげている。おすすめは「みかん」と「野の花（9月頃～）」。ティースプーンに適量とって紅茶に。いやな甘みが口に残らず、柔らかな甘さとさわやかさを味わえる。「野の花」は、適量を深いお皿に取ってラップをし、電子レンジで10秒ほど温めて液状に。茹でたカボチャと合わせたり、ヨーグルトと一緒に頂けば、美味しくて体にいい最高のデザートに。

関養蜂園

神奈川県横須賀市秋谷5323
TEL:046-856-8645
年中無休
送料別途
郵便振込

蜂蜜みかん1.2kg ¥3,800、
蜂蜜野の花1.2kg ¥3,000

チーズケーキ

ハウス オブ フレーバーズ ホルトハウス房子の店

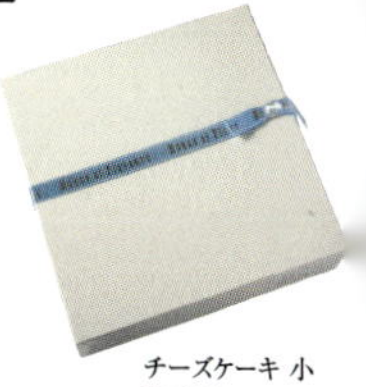

チーズケーキ 小
¥5,800

世界中を巡り、さまざまな味に親しんできた料理研究家のホルトハウス房子さんが、本物の洋菓子の味を伝えたいと、鎌倉の自宅の一角に構えた洋菓子店。女性を中心に、高い支持を得るこのお店を代表するのが、チーズケーキだ。約00年の試行錯誤を経て配分が決まったというだけあり、クリームチーズとサワークリームが絶妙なバランスで響き合う。口の中に広がる濃厚かつさわやかな味わい。冷たく冷やして、その気品ある味わいをゆっくりと愉しみたい。大切な方への贈り物にもぴったりの、上質なケーキだ。

ハウス オブ フレーバーズ ホルトハウス房子の店

神奈川県鎌倉市鎌倉山3-2-10
TEL:0467-31-2636
FAX:0467-32-7601
http://www.holthaus-fusako.com
㊢ 11:00～17:00
㊡ 水曜
送料別途　代金引換／現金書留／クレジットカード決済（ネット販売のみ）

桜ゼリー 6個入り
¥2,625

桜ゼリー
横浜 かをり

淡いピンクのゼリーの中に桜の花がのぞく、まさに春らしいスイーツ。横浜のフレンチレストランの老舗「かをり」は、板倉敬子社長により見た目にも美しく味わいも絶妙なお菓子が考案され、洋菓子の名店としても有名だ。かぐわしい香りを放つ日本の象徴「桜」を店名の由来とすることより、板倉社長が発案した「桜ゼリー」。八重桜を蜜漬けにしたものをゼリーでくるみ、桜がほのかに香る名品だ。

横浜 かをり山下町本店

神奈川県横浜市中区山下町70
TEL:0120-44-0149　TEL:045-681-4401　FAX:045-662-3764
㊗ 9:00～19:00（土曜 10:00～19:00、日・祝12:00～19:00）
㊡ 無休　送料別途　代金引換／銀行振込

焼き豆腐
¥352

焼き豆腐
大豆屋

国産大豆だけを原料とし、伊豆大島の海精にがりを使った、安心で安全な豆腐作りにこだわる「大豆屋」。豆腐の旨味が凝縮した「汲み上げ豆腐ざる入り」や、絶品の絹豆腐を高温でさっと揚げた「絹生揚げ」など美味なる商品が揃うが、一度試して頂きたいのが焼き豆腐だ。しっかりと焼き色のついた表面、大豆の味わいがぎっしりと詰まった食感で、本物の存在感を感じさせる。鍋やすき焼きでも、脇役にならない焼き豆腐を、ぜひ味わってみて頂きたい。

大豆屋

神奈川県茅ケ崎市出口町12-3
TEL:0467-85-5316
FAX:0467-85-8867
㊗ 10:00～18:00
㊡ 日曜
送料別途
代金引換

アーモンド4個、オレンジ4個セット ¥1,670

モアールアマンダ
レ・サンジュ

ゴツゴツとした印象の見た目なのに、ひと口頬張ると、中はふわりと柔らかい！ 衝撃を覚える独特な口当たりの焼き菓子だ。アーモンドプールとメレンゲ、砂糖だけと材料はいたってシンプルだが、焼き上げる際の火加減に気を配ることで、外側と内側の食感のギャップが完成したという。アーモンドの味がストレートに伝わるプレーンと、爽やかなアクセントの効いたオレンジの２種類があり、どちらもやみつきになる。

レ・サンジュ

神奈川県鎌倉市御成町13-35
TEL:0467-23-3636　FAX:0467-23-3547
㊗ 10:00～19:00　㊡ 第3水曜
送料別途　代金引換／郵便振替／銀行振込

撮影／村林千賀子　スタイリング／伊豫利恵（以上ソー・プランニング）

Part2 福岡

直行便

海の幸から洋菓子まで、福岡のうまか名物

辛子明太子に水炊き、キムチ、鶏卵素麺にダックワーズ。誰もが知っている福岡の名産から隠れた逸品まで、全10品を紹介。

辛子明太子

博多料亭 稚加榮

福岡の名産といって真っ先に思い浮かぶ「明太子」。現地の空港やデパートには数多くのメーカーのものが並ぶが、名料亭「稚加榮」がおくる福岡名産「辛子明太子」は格別だ。使用するのは北海道産のタラコのみ。タラコがいちばん美味しい時期のものの中でも、形や粒の大きさ、色合いが揃ったものを厳選。それを料亭ならではのこだわりの味付けで仕上げる。ほどよい辛さとうま味で、それだけで白いご飯が進む。酒の肴や贈答品にもぴったりだ。

ご贈答用127g（4〜7本）¥1,575。このほか、275g（5〜8本）¥3,465がある。

ポルトガルや韓国など海を越えて到着した美味の数々

「東京の魚は生臭くて食べられない」と語ったのは、ご主人の転勤で長らく福岡に住んでいた友だちでした。東京育ちのくせにと思った私は、福岡を訪れた折に柳町市場にいって驚きました。生臭さはないだけでなく皿に持ったエビがぴょんぴょん跳ねて飛び出すほど。北に玄界灘、東に周防《すおう》灘、西南に有明海と三方を海で囲まれている福岡は季節ごとに新鮮な海の幸が食卓にのぼります。

玄界灘のフグは大相撲の九州場所が始まるころが旬のはじまりで、関取りたちの楽しみになっていると聞きます。寒い季節に嬉しい鶏の水炊きも、本場博多で出会いました。地鶏の骨つきをぶつ切りにして5〜6時間煮込んだスープは白く濁り、じーんと沁み渡る旨みがあります。身はほろりとほぐれ、鴨頭《こうとう》ねぎと呼ぶ細いねぎを刻んだものと、もみじおろしを薬味に食べた味は忘れられません。

有明海に面する柳川はうなぎが名物。素焼きにしたうなぎをたれをつけて焼き上げ、たれを混ぜたご飯にのせて蒸し上

博多料亭 稚加榮

㊟福岡県福岡市中央区大名2-2-19
フリーダイヤル／0120-174-487
FAX／0120-745-945
㊧ 9:00〜21:00
㊡ 正月1月1日・2日のみ休み
http://www.chikae.co.jp/
送料別途
代金引換／銀行振込／現金書留

春ばあちゃんの特製キムチ

はるやま食品

「手であえ、混ぜ、真心を込めて漬け込む」。商品名にもなっている、先代の「春ばあちゃん」が家庭用に漬けたものが近所で評判を呼び現在に至っている。白菜は1枚1枚手でめくって品質を確認。防腐剤や着色料などは一切使わず、手作業で漬けまれたキムチは、素朴な韓国のオムニ（母）のぬくもりを感じさせる、柔らかい辛さとうまさ。春ばあちゃんのキムチ作りへのこだわりが、今もしっかりと守られている。白菜キムチ、大根キムチのほか、チンゲンサイキムチやえごま葉キムチなど種類も豊富。

はるやま食品

㊟福岡県飯塚市菰田東2-22-44
TEL／0948-22-0402
FAX／0948-26-5055
㊡水曜、日曜、祝祭日
http://www.kimuchi-shop.com/
送料別途／代金引換
銀行振込／郵便振替

白菜キムチ（300g）¥368、割り干し大根キムチ（250g）¥368、大根キムチ（300g）¥368

ふぐちく 4本入り¥578。ほかに8本入り¥1155。

ふぐちく

蒲鉾 山吹

九州の最北端にあり、かつては国際貿易の玄関口として栄えた門司港。「ふぐちく」はその門司で生まれた北九州の名産だ。ふぐのような、ぷくっとした丸い形状が愛らしいこの「ふぐちく」は、名前の通りふぐと、エソを丁寧に練り上げて一本一本手焼きで仕上げている。プリっとしていて弾力のある歯ごたえと、フグのうま味、口いっぱいに広がる香ばしさが特徴。小ぶりサイズで、飽きのこない味わいで、ついつい箸が進む焼き竹輪の逸品だ。2000年第53回全国蒲鉾品評会農林水産大臣賞受賞商品。

蒲鉾 山吹
栄町店

㊟福岡県北九州市門司区栄町2-18
TEL&FAX／093-321-1100
㊤9:30〜18:30
無休
送料別途
代金引換／郵便振替

げるせいろ蒸しも名物。辛子明太子はスケトウタラの卵巣を塩と唐辛子に漬けたもの。明太は韓国語の名でミョンテと呼んだのがなまってメンタイとなり、子どもだからメンタイコと呼んでいます。スケトウタラは戦時中に配給で食べた記憶がありますが、タラコは戦後に韓国からの引き揚げ者が広めたと聞きます。炊きたての白いご飯にのせて食べるのは幸せです。ほぐして甘酢と合わせ、いかの細切りやきゅうり、大根のせん切りなどをあえたりと使いみちはいろいろあります。

韓国が近いせいかキムチも多種多味ですし、明治以前の鎖国時代でも唯一外国との貿易が許されていた長崎が近いこともあり、初代が十七世紀にポルトガル人から伝授されたといわれる鶏卵素麺は歴史も古く、福岡黒田藩のご用菓子であったといわれます。鶏卵を使った折に残る卵白を泡立てたマシュマロで、黄身餡を包んだ鶴乃子は、〝もったいない精神〟が生きた珍しいアイデアだと感心します。博多っ子は伝統的に新しもの好きなのでしょうか、ダックワーズやクグロフなどのフランス菓子のおいしい店も多いのは楽しみです。また、十七世紀に佐賀で創業し、昭和初期に炭鉱で栄えた福岡県の飯塚に開店した千鳥屋の千鳥饅頭は、福岡市内だけでなく全国に知られていますが、昭和三七年にチロリアンという名のバターを詰めた巻き煎餅を発売して人気となったのもテレビのコマーシャルでお馴染みですね。

かしわ水炊き

大盛食品

もつ鍋と並ぶ福岡の代表的な郷土料理「水炊き」。皮や骨のついた鶏を水から煮出してスープにすることから、その名がついた。福岡では30年ほど前からロングセラーの大盛食品の「水炊き」は、鶏のうまみをじっくりと煮出したスープとやわらかい鶏肉入り。新製品の「博多地鶏水炊き」も、発売早々評判を呼んでいる。うま味が凝縮した白濁のスープは、コクはあるがさっぱりとした味わい。ひと缶2〜3人前で、同量の水を入れ、好みで野菜や豆腐などを入れて煮るだけで、本場の味が自宅で楽しめる。

大盛食品

㊟福岡県福岡市南区
清水4-8-31
TEL／092-541-4031
FAX／092-541-4034
㊖9:00〜18:00
㊡土・日曜、祝日
http://www.taisei-foods.co.jp/
送料別途
代金引換

430g缶入 735円

柳川鰻遊乃庄

炙りうなぎ笹めし

柳川·有明漬本舗 高橋商店

この道25年のうなぎ職人が、うなぎと、焼きの技にこだわり抜いた「柳川鰻乃庄 炙りうなぎ笹めし」。うなぎは熊本、鹿児島をはじめ遠く徳島まで足を運び、納得のいく生産者の元で育ったものだけを使用。脂がほどよくのって柔らかいうなぎは備長炭で焼きあげられ、うま味がたっぷりと凝縮している。米は、うなぎと相性のいい熊本県・七城の米を使用するなど徹底的なこだわり。笹で巻かれたご飯は風味がよく、味にアクセントを加えている。うなぎの下に敷かれた錦糸卵も色鮮やかで、目にも御馳走だ。

**柳川·
有明漬本舗
高橋商店**

㊟福岡県柳川市三橋町垂見
1897-1　📞／0120-789-118
（9:00〜17:30）
FAX／0944-74-1212
（24時間受付）㊖9:00〜17:30
無休＊土日祝注文の場合
週明け発送　送料別途
代金引換／郵便振替

炙りうなぎ笹めし
5個入り2個セット
¥3,150

クグロフ・マロン
パティスリー ジャック

「クグロフ」という独特の形状をした型で焼き上げたアルザス地方の伝統的な焼き菓子、その名も「クグロフ」。パティスリー　ジャックのオーナーパティシエが、アルザス地方の名店「Jacques」で修行をし、その実力が認められて日本で店名を使うことを許された実力者だ。

渋皮付きの栗がゴロゴロとたっぷり入った生地は絶品。上質なバターとアーモンドプードルが高く香り、上品で豊かな味わい。洋酒も使われていて、贅沢な大人のお菓子だ。約10日は日持ちするので贈り物に最適だ。

パティスリー ジャック

㊟福岡県福岡市中央区大名2-12-5
TEL&FAX／092-712-7007
㊫9:30～19:00
㊡日曜
送料別途／代金引換

クグロフ・マロン1台¥2,100。

1本（150g）1050円。

鶏卵素麺
松屋菓子舗

日本三大銘菓のひとつに挙げられることもある松屋菓子舗の「鶏卵素麺」。たっぷりの卵黄と砂糖だけで作った生地を、素麺上に固めて切り揃えたこの和菓子は、ポルトガルから伝来した南蛮菓子に由来。安土桃山時代にポルトガル商人が長崎の平戸に伝え、日本人で初めて作ったのが松屋利右衛門だといわれる。利右衛門は1673年に福岡で松屋菓子舗を開業し、以来、「鶏卵素麺」は福岡を代表する銘菓となった。和菓子でありながら濃厚でコクのあるカスタードクリームのような味わいと、素麺のような形状、口当たりは絶妙だ。

松屋菓子舗

㊟福岡県福岡市博多区
上川端町14-18（本店）
TEL／092-812-6121（受注）
FAX／092-812-6150
㊫9:00～17:00
㊡日曜、1月1日・2日
送料別途／代金引換

11個入り¥1050。

鶴乃子

石村萬盛堂

黄身餡をふわっふわのマシュマロで包んだ「鶴乃子」。明治38年、鶏卵素麺を製造していた石村萬盛堂が、その製造過程で大量に出る卵白を生かした菓子を作れないか、との発想で誕生したものだ。柔らかい口当たりのマシュマロと、甘さを抑えた上品な黄身餡の組み合わせは、斬新ながら後を引く味わい。卵の黄身と白身の個性をうまく引き出し、西洋と和の文化を組み合わせたお菓子として、福岡を代表する銘菓となっている。

石村萬盛堂本店

㊟福岡県福岡市博多区須崎2-1
フリーダイヤル／0120-222-541　㊡9:00〜20:00　無休
http://www.ishimura.co.jp/
送料別途　代金引換／銀行振込／クレジットカード決済

「葛ようかん」1本¥680。箱入は、2本入り¥1,500、3本入り¥2,400などがある。

葛ようかん

御菓子処 ひた屋福冨

葛と小豆を二層に流し入れた、見た目も涼やかで美しい甘さ控えめの「葛ようかん」。福岡県·甘木の上質な秋月葛ならではのぷるぷる感、口の中に広がる葛の香りと味わいは絶品。餡は、北海道十勝産の最高級小豆のみを使って、渋きり、あく抜きなどを丁寧に行った後、小豆本来の味わいを逃がさぬように手早く練り上げたさらし餡だ。口当たりも味わいも葛との相性は抜群。冷たく冷やして、この季節なら、熱く淹れたお茶とともに頂きたい。

御菓子処 ひた屋福冨

㊟福岡県うきは市
吉井町1127-3
TEL&FAX／0943-75-2465
㊡9:00〜19:00
㊡水曜
http://www.hitaya-fukutomi.com/
送料別途
代金引換

「ダックワーズ」3袋入り¥1,197。ほかに6袋入りや10袋入りなどがある。

ダックワーズ

フランス菓子16区

外はパリッと、中はしっとりと焼き上げた「ダックワーズ」。豊かなアーモンドの香りが口いっぱいに広がるこの焼き菓子は、福岡市にある「フランス菓子 16区」のオーナーシェフ・三嶋氏が1979年、パリ16区にある菓子店でシェフを務めていた際に考案。1981年に福岡で店をオープンして以来、国内はもとよりフランスでも焼き菓子の定番として広まっている。日本が誇る絶品の洋菓子を、ぜひ一度試して頂きたい!

フランス菓子16区

㊟福岡県福岡市中央区薬院4-20-10
TEL／092-531-3011　FAX／092-526-0016
㊡9:00〜20:00　㊡月曜
http://www.16ku.jp/
送料別途　代金引換／銀行振込

 撮影／村林千賀子　スタイリング／伊豫利恵（ともにソー・プランニング）

Part3 大阪

直行便

食い倒れの街・大阪のこだわりグルメ

たこ焼きや餃子といったB級グルメから
江戸から続く老舗の味まで、
食にこだわる大阪の"うまいもん"を厳選紹介！

たこやき

たこやきの元祖 本家 会津屋本店

会津屋の初代、遠藤留吉が昭和８年に肉とこんにゃくなどを入れて焼いたラヂオ焼きが大阪を代表する名物「たこ焼き」のはじまり。おいしさの追究のため、明石のたこを入れたり、小麦粉を溶いた生地に味付けをするなどの改良を加えて名づけた「たこ焼き」が評判を呼び、現在に至っている。生姜は入れず、ソースや青のりをかけずに頂くスタイルは当時のまま。小ぶりなたこ焼きをひとくち口に入れると、たこのうま味が広がって、やみつきになる味わいだ。

元祖たこ焼き（15個入り）¥600

いつかは住んで食べ歩きたい 安くておいしいB級グルメ

「京の着倒れ、大阪の食い倒れ」という言葉をご存知でしょうか。京都は着るものにお金をかけ、大阪は食べるものにお金をかけるという意味です。私がこれを大阪の友達に聞くと、「それは大阪が商人の町だから」と答えます。江戸時代から日常の食事は質素にしても、祭りをはじめハレの日や人をもてなすときには、豪勢な宴を張ります。日常の食事はケの食事ということで無駄なことをしない。大阪では質素で節約することを「始末する」と表現していて、ケチケチすることではないと聞きました。これは「宵越しの金はもたない」と豪語する江戸っ子気質とは対照的だなと思い知らされます。「母房を質においても初がつお」なんていうことは大阪人から見れば、ばかばかしいでしょうね。質屋でお金を借りれば利子がつくのですから。と、東京育ちの私が納得するようになったのは、料理記者として大阪の町の食べ歩きをするようになってからのこと。このごろでは、時間ができたら大阪に住んでみたいとさえ

たこやきの元祖
本家　会津屋本店

大阪府大阪市西成区玉出西2-3-1
TEL:06-6651-2311
FAX:06-6651-2365
(営) 10:00〜20:00（土日祝9:00〜20:00）
(休) 1月1日のみ
http://www.aiduya.com/
送料別途
代金引換／銀行振込

ひとくち餃子

点天

パリッとしていて中はジューシー、ひとくちサイズで食べ飽きないと、大阪の新たな名物として全国的に人気の点天餃子。餡に使うニラは高知県の土佐香美地方のものに限定。肉や白菜も国産のもののみを使用、創業30年経った今でも、毎朝社長自らが味のチェックをするというこだわりぶりだ。中火で熱したフライパンに餃子を並べたら適量の水を入れて蓋をし、パチパチという音がし出したら完成。香ばしく焼き上げたお店の味を自宅で楽しんで。

ひとくち餃子（45個入り）¥2,100

点　天

大阪府大阪市此花区
島屋4-4-12
📞0120-888-399
TEL:06-6462-5621
FAX:06-6465-0628
㊔ 8:30〜17:00　㊡ 日曜祝日
http://www.hitokuchigyoza.jp/
送料別途　代金引換／
銀行振込／郵便振替／
クレジットカード決済

まつのはこんぶ

料亭 花錦戸

大阪の料亭、花錦戸の「まつのはこんぶ」はその名の通り、松の葉のごとく細く丁寧にカットした佃煮。口に入れると豊かな滋味が広がるワンランク上のおいしさだ。料亭で作られているだけあり、すっぽん出汁で炊かれており、独特の味の深みにもうなづける。温かい白いご飯に乗せてももちろんだが、しっかりとした味わいなので、そのままで酒の肴にもぴったり。色合いの美しい包装紙に包まれて届くので、贈り物にも最適だ。

料亭　花錦戸

大阪府大阪市西区
新町1-16-11
📞0120-70-4652
TEL:06-6541-0908
FAX:06-6541-0907
㊔ 10:00〜18:00
㊡ 日曜祝日、第3土曜
送料別途
銀行振込／郵便振替

瓶入り（145g）2本入り¥8,400

思っています。特にB級グルメの食べ歩きをしたいのです。高級な料理店での食事も経験していますが、阪急梅田のガード下で何軒か食べ歩いたときは感激しました。「安くておいしい」のひとことにつきました。値段相応においしいのですから。

大阪といえばたこ焼きが発祥の地で、元祖　本家会津屋の品も取り寄せられるのは嬉しいこと。ひと口餃子は十数年前、友人にすすめられて大阪駅売店で買って土産にしたのが大好評でファンになりました。まつのはこんぶは外国に住む友人への土産にしても人気があります。瓶が大きくて重いのが難点でしたが、これも空瓶を持参して中身を詰めてほしいとの客がいたことで気づき、袋売りも始めたと聞きます。始末精神でしょう。大阪土産に昆布製品が多いのは、大阪湾に面して海運の便がよく北前船で運ばれる昆布の集散地であったからです。境のつぼ市製茶本舗のご主人とは長いおつき合いがあり、お茶のことをいろいろ教えていただいています。吉野寿司の穴子の押しずしはときどき食べたくなるお味。神田川本店の特製鰻茶漬は、客の土産用に作りはじめた品ですが、ほどよい味つけでお茶漬けには欠かせません。

大阪のお菓子は、おこしくらいしか知りませんでしたが、東京書籍刊の『全国五つ星の手みやげ』で歴史あるお菓子が色々あることを知り、取り寄せています。大阪人は宣伝べたなんですね。

しろとろろ

長池昆布

口に入れるとまるで粉雪のようにとろけて消える。さらりとした口溶けのあと、上質な昆布の滋味が口に広がるこの「しろとろろ」は、「天然白口浜真昆布」の白身の部分を、職人が丹念に細かく削って完成する、老舗「長池昆布」が誇る逸品。お吸い物やうどんのほか、湯豆腐にかけるのもおすすめ。醤油のかわりに天然の滋味深いとろろ昆布をかければ、いつもと違った味わいが愉しめるはず。江戸時代末期から続く老舗の味わいをご堪能頂きたい。

長池昆布

大阪府大阪市北区西天満4-7-6
TEL:06-6364-6368
FAX:06-6364-6326　㈼ 9:00～19:00
㈭ 日曜祝日
http://www.nagaikekonbu.jp/
送料別途／代金引換／銀行振込
郵便振替

しろとろろ（100g）¥1,575

箱ずし¥3,360

箱寿司

吉野寿司

「二寸六分の懐石」といわれ、平成19年には大阪の郷土料理として白味噌雑煮とともに選ばれた箱寿司。天保12年に創業された「吉野寿司」の3代目が「これまでにない新しい押し寿司を」と作ったのが始まり。内のり二寸六分、深さ一寸二分の箱に、秘伝の技と手間をかけて仕込んだ海老、鯛、穴子、玉子、すし飯に椎茸、焼き海苔をはさんで押した、目にも鮮やかで繊細で上等な、まさに小さな懐石。時代を越えて愛される上級の味わいだ。

吉野寿司

大阪府大阪市中央区
淡路町3-4-14
TEL:06-6231-7181
FAX:06-6231-1828
㈼ 9:30～21:00
㈭ 土日祝日
http://www.yoshino-sushi.co.jp
送料別途
代金引換／銀行振込

特選利休の詩、鉄観音、凍頂

つぼ市製茶本舗

創業嘉永3年、千利休のふる里、堺創業の「つぼ市製茶本舗」。「特選利休の詩」は茶鑑定士6段が厳選した茶葉を丁寧に深蒸しし、まろやかで独特の甘みのある煎茶です。また、日本茶のみならず中国の「鉄観音」や台湾の三大銘茶のひとつ「凍頂烏龍茶」も、クリーンで清らかな香り。心をほっとさせる上質なお茶を、試して頂きたい。

つぼ市製茶本舗

大阪府高石市高師浜1-14-18
TEL:072-261-7181
FAX:072-263-5580
㊎ 9:00～17:30
㊡ 日曜祝日　送料別途
代金引換／郵便振替／コンビニエンスストア支払い

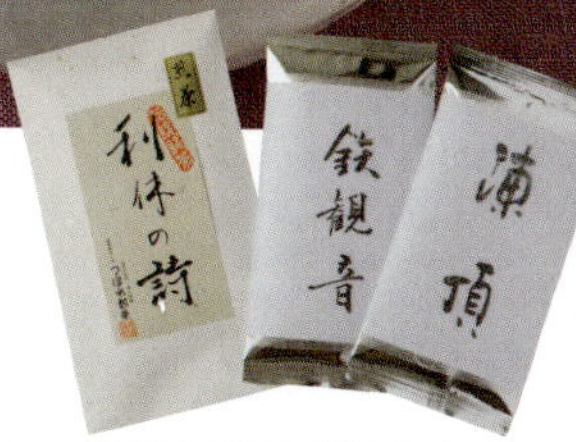

凍頂(50g)¥1,575、鉄観音(50g)¥1,050、特選利休の詩(100g)¥1,575

神田川名物特製鰻茶漬け(300g)¥6,300

特製鰻茶漬け

神田川本店

和食の達人、神田川俊郎さんによる「神田川」。懐石料理のこの名店でひそかに人気の鰻茶漬けを、お取り寄せし自宅で楽しむことができる。秘伝ダレで丁寧に煮込んだうなぎは、しっかりとした味わいながら上品な深みがある。白いご飯に2、3切れ乗せて熱いお茶をかけ、さらさらと味わいながら頂きたい。ご贈答にもぴったり。

神田川本店

大阪府大阪市北区堂島1-2-25
TEL:06-6341-7862
FAX:06-6345-7718
㊎ 16:00～翌1:00
㊡ 日曜
http://kanndagawa.com/
送料別途
代金引換／銀行振込

撮影／村林千賀子　スタイリング／伊豫利恵
(ともにソー・プランニング)

なつかしのマドレーヌ おてて

プチプランス

「親父の手から受け継いだ菓子づくりの原点が、このなつかしい味わいのマドレーヌにあります」と、シェフ・パティシエの浅田美明さんがいう通り、「おてて」は、昭和の時代、街のケーキ屋さんで見かけたような懐かしさがある。ほんわり、ふっくらと焼きが立った生地は、卵の優しい味わい。こんがりとした焼き色と、ペタンとしたやや大きめなサイズも印象的。どこか温もりを感じるマドレーヌだ。

プチプランス

大阪府大阪市東淀川区瑞光1-11-4
TEL:06-6328-8181　FAX:06-6328-8182
㊋ 10:00〜21:00　㊡ 第3水曜（8・12月は無休）
送料別途　代金引換／銀行振込／クレジットカード決済

おてて（10個入り）¥1,523

梅花むらさめ 1本¥500

梅花むらさめ

小山梅花堂

ほろほろと崩れる心地のいい口溶けの梅花むらさめ。岸和田で1839年に創業の老舗「小山梅花堂」の代表銘菓で、岸和田藩主にも献上されていたという献上菓子だ。生地は小豆餡と米の粉を蒸したもの。創業以来、変わらぬ味を守ろうと現在でもひとつひとつ手作りされている。素朴ながらほどよい甘さの上品な味わい。好みのサイズに切り分けて頂くが、軽い食感も手伝ってたくさん頂きたくなってしまう。

小山梅花堂

大阪府岸和田市本町1-16
TEL:072-422-0017
FAX:072-422-0271
㊋ 9:00〜19:00
不定休
送料別途
銀行振込／郵便振替

肉桂餅（5個入り）¥1,150

肉桂餅

八百源来弘堂

安土桃山時代には「東洋のベニス」と呼ばれ、商いで栄えた堺。南蛮貿易でもたらされ、当時の日本では貴重品だった肉桂（ニッキ＝シナモン）を使って作られたのがこの肉桂餅。江戸時代には茶の湯の席でも好んで供されたという伝統の和菓子だ。たっぷりと肉桂を練り混ぜ、とろけるようにやわらかい食感のぎゅうひで小豆のこし餡を包んだ堺を代表する銘菓。餡の甘さと肉桂のさわやかさが後をひく、大人の和菓子だ。

八百源来弘堂

大阪府堺市堺区車之町東2-1-11
TEL:072-232-3835
㊋ 9:00〜17:00　㊡ 日曜
http://www.yaogen.com/　菓匠八百源e-shop
送料別途　代金引換

Part4 山形

直行便

高級牛やさくらんぼなどで知られる名産の宝庫

米沢牛にだだちゃ豆など全国に知れる名産から、
あけがらしやメンマこんにゃくなど、
知る人ぞ知る美味を岸朝子さんが厳選紹介。

米沢牛 しゃぶしゃぶ肉

米澤紀伊國屋

明治時代より日本全国にその名が知られる米沢牛。質の高い肉牛を育てるのに適した環境にある置賜地方の中でも、米沢市を中心とした三市五町で育つ黒毛和牛で、飼育期間や種類など厳格な規格をパスしたものだけが名乗ることができる高級ブランド牛だ。米澤紀伊國屋は、そんな米沢牛の中でも厳選した肉を扱う専門店。細やかな霜降りで、食べると感動を覚えるほど。美味しさをストレートに味わうなら、さっぱりとしゃぶしゃぶで頂くのがおすすめだ。

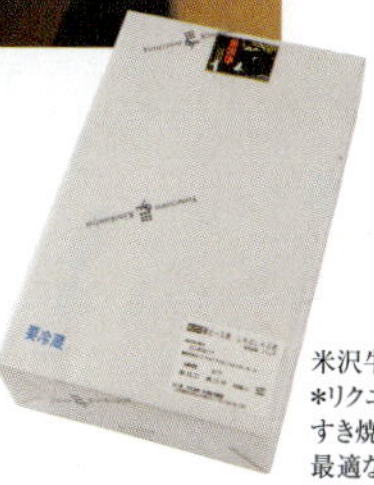

米沢牛もも肉 400g　¥5,460
*リクエストによって、しゃぶしゃぶ用、すき焼き用、焼肉用などに合わせて最適なサイズに切り分けて配送。

米澤紀伊國屋

山形県米沢市丸の内1-6-2
TEL:0238-23-2260
FAX:0238-23-2262
㊋ 9:30〜18:00
㊡ 水曜(1〜3月)、元旦
http://www.y-kinokuniya.jp/
送料別途
銀行振込

山形ならではの伝統の味のほか平枚三元豚など新たな名産も

山岳修験の霊山として知られる出羽三山をはじめ山深い山形県は、春ともなれば国内でも一番種類が多いといわれる山菜が芽吹き、あっという間に育って食卓を賑わします。長い冬を豪雪の下で耐えていたエネルギーが雪溶けとともに爆発するかのように、味も香りも豊かです。雪溶けの水を集めてゆったりと流れる最上川では川魚が多く、日本海の海の幸とともに食卓を賑わせます。私は山形名物いもこ鍋のコンクール審査をつとめたことがあります。みのりの秋の収穫祭とでもいうのでしょうか、河原にいっぱいのグループが、南部鉄の大鍋を囲んでの大宴会。いも煮会とも呼ばれ、里芋が主役ですが、牛や豚、鶏、鴨などの肉のほか魚を使ったものもありました。具もこんにゃく、きのこ、ねぎなどが主で、味つけはみそ、しょうゆと地域によっても違うので審査には迷いましたがいずれもおいしゅうございました。

山菜を中心に月山の恵みを漬け込んだ月山漬、小振りの民田茄子のからし漬け

メンマこんにゃく

楢下宿　丹野こんにゃく

歯ごたえがありながらプルプルとした手作りこんにゃくと、コリコリとしたメンマ。異なるふたつの食感を楽しめる「めんまこんにゃく」は、丹野こんにゃくのご主人が選び抜いた食材で丹精込めてつくりあげたオリジナル。どこか甘辛で、素朴ながらクセになる味わいが評判を呼んでいる。ご飯のお供に、また酒の肴にも最適な逸品だ。

具材とスープがセットになっているので、鍋やフライパンで合わせて軽く火を通すだけでできあがる簡単さもうれしい。

楢下宿
丹野こんにゃく

山形県上山楢下1233-2
TEL:023-674-2351
FAX:023-674-2515
㊧ 8:00～17:00
㊡ 火曜（祝日を除く）
http://www.tannokonnyaku.co.jp
送料別途
代金引換

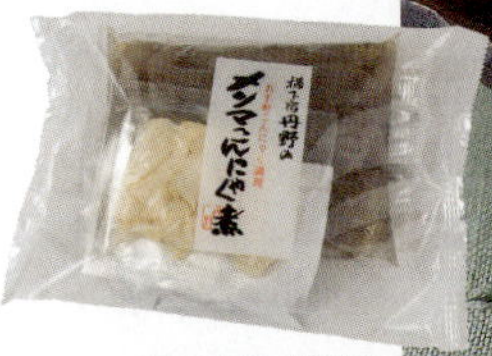

メンマこんにゃく煮 350g
（添付スープ60g）399円

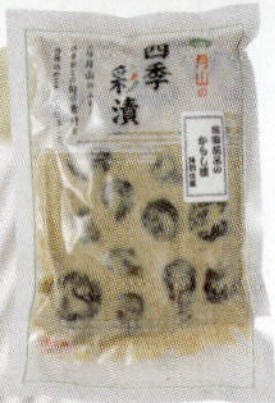

「民田茄子からし漬」300g ¥525

民田茄子のからし漬

月山パイロットファーム

「めづらしや　山をいで羽の　初茄子」元禄2年、松尾芭蕉が鶴岡の長山重行宅で民田茄子をもてなされて詠んだ一句。民田地域に由来する一口茄子を、酒粕をたっぷり使って漬けるからし漬けは、昔から民田を代表する名産だった。そんな「民田茄子のからし漬」にとことんこだわるのが「月山パイロットファーム」だ。沖縄の天然塩、地元吟醸酒の酒粕、自家製の辛子を素材とし、できるだけ農薬を使用せずに栽培した茄子を丁寧に漬け込む。美味しいのはもちろん、安心して頂ける逸品だ。

月山
パイロットファーム

山形県鶴岡市三和字堂地60番地
TEL:0235-64-4791
FAX:0235-64-2089
㊧ 8:30～17:30
㊡ 日曜、祝日
送料別途
郵便振替

など手間暇かけた漬け物の味も、山形ならではの味覚です。小ぶりながら実はしっかりして旨みが深いだだ茶豆も私の好物。枝豆の仲間であるのにだだちゃ豆とつけられた理由をたずねたら、その昔、殿さまに献上した折「どこのだだちゃ（おやじ）の枝豆か」と聞かれたのが由来だとのことでした。楽しいネーミングですが、これは商品登録されている貴重な豆です。豆といえば白露ふうき豆は料理研究家の阿部なをさんからいただいてファンになりました。山形といえば「さくらんぼ」と名前の入った駅名があるほどで、シロップ漬けは保存がきくのでフルーツポンチに使ったり、料理のあしらいに使ったりと便利な品です。

海や川の幸も豊富で、南蛮えび（甘えび）、鯛、川ますなどのほか、もう四十年ほど前に出会ったはたはたの湯上げの味は忘れられません。白子とぶり子を残して内臓と尾を取りこぶだしでゆで、もみじおろし、刻みあさつき、ぽん酢で食べました。たらのあらなどを煮込んだどんがら汁などは郷土の美味でしょう。魚に負けない美味は牛肉。米沢ですき焼きを食べたらみそ味で驚きましたが、丹精こめて育てた肉の味はなんともいえませんでした。最近では平牧三元豚が有名で、口にするとすんなり溶ける脂肪の旨みはあとをひきます。いずれにしても日本各地で伝統の味に新しい風を加えた食品がふえ、美食の国日本と自慢したい私です。

平牧三元豚 肩ロースみそ漬け

平田牧場 本店

あっさりとしながら甘みがあり、香りのいい脂肪ぶんが口の中で心地よくとろける平牧三元豚。肉質を重視して選んだ3種の豚を交配した平田牧場のオリジナル銘柄豚だ。ストレスのない清潔で快適な豚舎で育てられた平牧三元豚は、独特の甘みのある脂肪はもちろん、きめ細かい繊維で、しっかりとした弾力のある肉に育つ。肩ロースみそ漬けは、平牧三元豚の濃厚な美味しさが味わえる肩ロース肉を、遺伝子組み換えでない大豆を使用した平田牧場オリジナルの無添加みそに漬け込んだ逸品。

平田牧場 本店

山形県酒田市松原南5-7
0120-541029
営 10:30～19:00
休 水曜
http://www.hiraboku.com
送料別途／代金引換／銀行振込
クレジットカード決済

平牧三元豚
肩ロースみそ漬け
80g×6枚 ¥3,500（箱代込み）

あけがらし

山一醤油

口にすると滋味深く、独特の香り高さが広がり、初めての味わいに出会う。山一醤油店で江戸時代から家族のためだけに作られていたもので、商品名は大正の作家で哲学者の谷川徹三だという。材料はからし、麻の実、米麹、三温糖、生絞り醤油で手間暇かけてつくりあげている。ご飯に乗せて、そのまま酒の肴として、豆腐の薬味やおひたしの隠し味にと、食し方は自由自在。口の中にほのかに残る辛さが、なんともいえず後をひく。山一醤油でしか製造されていない唯一無二の食品。ぜひお試しを。

山一醤油

山形県長井市あら町6-57
TEL&FAX：0238-88-2068
営 9：00～17：00
休 日曜、祝日
http://homepage1.nifty.com/akegarashi
送料別途
代金引換

「あけがらし」140g ¥683

月山麦切り

玉谷製麺所

冷やして頂く細麺、「麦切り」。そばの里で知られる月山の麓にある「玉谷製麺所」が、手打ちの技術をとり入れ、国内産小麦を原料にした小麦粉でつくりあげている。コシがありながら喉ごしがよく、子どもからお年寄りまで幅広い層に親しまれている。これから暖かくなる季節、昼食やちょっと小腹がすいたときに、寒い時期なら、かけうどんにして楽しむのもおすすめだ。細麺のため、短い時間でゆで上がるのもうれしい。贈り物にも喜ばれること間違いなし。

玉谷製麺所

山形県西村山郡西川町大字睦合甲242
0120-77-5308　FAX:0120-77-5506
営 8:30〜17:30　休 火曜
http://www.tamayaseimen.co.jp
10,000円未満は送料別途
代金引換／銀行振込／郵便振替
コンビニ支払い／
クレジットカード決済（HPでの注文のみ）

「月山麦切り」
6袋箱入（12食分）
¥882

「おみづけ」
180g ¥280

おみづけ

天童物産

パリパリとした歯ごたえの「おみづけ」。健康にもいい昔ながらの食材と山形のおいしい食べ物を追究している「天童物産」のこだわりの漬け物だ。

季節ごとにとれる旬の青菜に、大根や人参、しその実を丁寧に食べやすい大きさに刻み、独自の方法で漬け込んだ漬け物は、素材の味が生かされた、みずみずしい美味しさ。自然の風味を生かして作られているので、賞味期限はパッケージされてから9日。取り寄せたら、早めに頂いて旬の野菜の滋味を味わいたい。

天童物産

山形県山形市天童市
乱川1206-82
TEL:023-666-8808
FAX:023-666-8818
営 8:30〜17:30
休 日曜、祝日
http://www.tenchan.biz/
送料別途／代金引換
銀行振込／郵便振替
クレジットカード決済

「冷凍特撰だだちゃ豆」300g ¥840

冷凍特撰だだちゃ豆

清　川　屋

「枝豆の王様」といわれる鶴岡市の名産品「だだちゃ豆」。噛めば噛むほど甘みが増し豊かな香りが広がる。収穫は8月のほんの一瞬、保存も困難でその美味しさを味わえるチャンスは少なかったが、この「冷凍特撰だだちゃ豆」なら年中愉しめる。独自の製法により旬の味に限りなく近い味わいだ。王様の味を堪能して頂きたい。

清　川　屋

山形県鶴岡市宝田1-4-25
℡0120-91-9111　FAX:0120-29-9111
㊔9:00～18:00　㊡日曜　http://www.kiyokawaya.com
送料別途／代金引換／銀行振込／クレジットカード決済

「ナポレオンチェリー」300g ¥1,575

ナポレオンチェリー

ロンド商事

果物の王国としても知られる山形は、さくらんぼでも有名。大粒のさくらんぼを自然な色合いのままシロップ漬けにしたのがこの「ナポレオンチェリー」。シロップはカクテル仕立てで頂けるさっぱりめの味わい。初夏が旬のさくらんぼを冬でも愉しめると、20年以上に渡って愛されている人気商品だ。シロップと一緒に、カットしたオレンジやパイナップルなどを合わせてフルーツポンチに、アイスクリームに添えてと、美しい色合いとともに美味しさを味わいたい。

ロンド商事

山形県山形市白山3-10-3
TEL:023-622-3632
FAX:023-625-3666
㊔9:00～17:00
㊡日曜、祝日
送料別途
代金引換

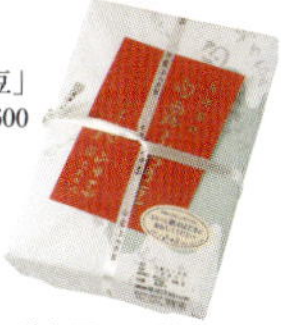

「白露ふうき豆」
300g ¥600

白露ふうき豆

山　田　家

山形を代表する「ふうき豆」は、青えんどう豆の一種で、祝い事や法事などで出される高級和菓子。ひとつぶひとつぶ皮をむき、砂糖だけで丁寧に炊き上げられている。ほくほくとしつつまろやかな食感と、口の中に広がる上品な甘さがほっこりとした気持ちにさせてくれるお菓子だ。「ふうき豆」を作る和菓子屋は山形にいくつかあるが、「山田家」の「白露ふうき豆」は格別と地元でも評判だ。店舗かお取り寄せでしか味わえない貴重な和菓子。ぜひ一度、お試しを。

山　田　家

山形県山形市本町1-7-30
TEL:023-622-6998　FAX:023-622-6668
㊔9:00～19:00　㊡火曜　送料別途／郵便振込

ikkojin

一個人

特別編集

日本一のてみやげ

2009年6月25日 初版第1刷発行
2009年8月5日 初版第2刷発行

編　者　一個人編集部

発行者　栗原幹夫

発行所　KKベストセラーズ
〒170-8457　東京都豊島区南大塚2丁目29番7号
電話　03-5976-9121（代）
　　　03-5961-2318（編集部）
振替　00180-6-103083
http://www.kk-bestsellers.com/

装　幀　野村高志+KACHIDOKI

印刷所　凸版印刷株式会社

製本所　凸版印刷株式会社

ISBN978-4-584-16598-0